Edition Nachhaltig wirtschaften

Reihe herausgegeben von
Ralf T. Kreutzer, Hochschule für Wirtschaft und Recht
Berlin, Deutschland

Nachhaltigkeit ist heute in aller Munde. Doch es reicht nicht, nur darüber zu reden, man muss auch handeln!

Dazu will die **Edition Nachhaltig wirtschaften** einen wichtigen Beitrag leisten – mit **Denkanstößen** und vor allem mit **Handlungsimpulsen**. Neben den für Veränderungsprozesse notwendigen psychologischen, soziologischen und systemischen Grundlagen werden u.a. die Themen nachhaltige Unternehmensführung, Kreislaufwirtschaft, Green Marketing/Green Branding, grüne Finanzstrategien, ethischer Konsum und nachhaltiges Innovationsmanagement diskutiert.

Ralf T. Kreutzer

Kreislaufwirtschaft

Wie Projektplanung und Umsetzung gelingen

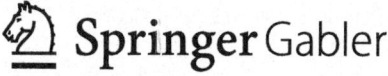

Ralf T. Kreutzer
Hochschule für Wirtschaft und Recht
Berlin, Deutschland

ISSN 3004-8516 ISSN 3004-8524 (electronic)
Edition Nachhaltig wirtschaften
ISBN 978-3-658-43104-4 ISBN 978-3-658-43105-1 (eBook)
https://doi.org/10.1007/978-3-658-43105-1

Die Deutsche Nationalbibliothek verzeichnet diese Publikation in der Deutschen Nationalbibliografie; detaillierte bibliografische Daten sind im Internet über https://portal.dnb.de abrufbar.

© Der/die Herausgeber bzw. der/die Autor(en), exklusiv lizenziert an Springer Fachmedien Wiesbaden GmbH, ein Teil von Springer Nature 2023
Das Werk einschließlich aller seiner Teile ist urheberrechtlich geschützt. Jede Verwertung, die nicht ausdrücklich vom Urheberrechtsgesetz zugelassen ist, bedarf der vorherigen Zustimmung des Verlags. Das gilt insbesondere für Vervielfältigungen, Bearbeitungen, Übersetzungen, Mikroverfilmungen und die Einspeicherung und Verarbeitung in elektronischen Systemen.
Die Wiedergabe von allgemein beschreibenden Bezeichnungen, Marken, Unternehmensnamen etc. in diesem Werk bedeutet nicht, dass diese frei durch jedermann benutzt werden dürfen. Die Berechtigung zur Benutzung unterliegt, auch ohne gesonderten Hinweis hierzu, den Regeln des Markenrechts. Die Rechte des jeweiligen Zeicheninhabers sind zu beachten.
Der Verlag, die Autoren und die Herausgeber gehen davon aus, dass die Angaben und Informationen in diesem Werk zum Zeitpunkt der Veröffentlichung vollständig und korrekt sind. Weder der Verlag noch die Autoren oder die Herausgeber übernehmen, ausdrücklich oder implizit, Gewähr für den Inhalt des Werkes, etwaige Fehler oder Äußerungen. Der Verlag bleibt im Hinblick auf geografische Zuordnungen und Gebietsbezeichnungen in veröffentlichten Karten und Institutionsadressen neutral.

Planung/Lektorat: Angela Meffert
Springer Gabler ist ein Imprint der eingetragenen Gesellschaft Springer Fachmedien Wiesbaden GmbH und ist ein Teil von Springer Nature.
Die Anschrift der Gesellschaft ist: Abraham-Lincoln-Str. 46, 65189 Wiesbaden, Germany

Das Papier dieses Produkts ist recyclebar.

Vorwort der „Edition Nachhaltig wirtschaften"

Liebe Leserin, lieber Leser,
ich begrüße Sie als Herausgeber der „Edition Nachhaltig wirtschaften" ganz herzlich. In dieser Reihe beleuchten wir die **Notwendigkeit einer nachhaltigen Unternehmensführung** in allen ihren relevanten Aspekten. Aus verschiedenen Perspektiven wird deutlich, dass ein nachhaltiges Agieren weit über ein bloßes Profitstreben hinausgeht. Unternehmen sind heute aus gesellschaftlichen, rechtlichen und zunehmend auch wirtschaftlichen Gründen dazu aufgefordert, gleichzeitig eine **ökologische, soziale und ökonomische Nachhaltigkeit** ihres Handelns sicherzustellen.

In dieser Edition wird eine Vielzahl von Themenbereichen abgedeckt. Diese ranken sich um **grüne Technologie** bis zu **nachhaltigen Unternehmensstrategien**, um die Potenziale der **Kreislaufwirtschaft** zu erschließen. Weitere Werke widmen sich den Themen **Green Marketing** und **Green Branding**. Hierzu werden auch die **psychologischen Grundlagen** beleuchtet, die für einen Bewusstseins- und Verhaltenswandel wichtig sind. Zusätzlich werden Fragen der **Wirtschaftsethik** sowie des **Green Controllings** angesprochen. Darüber hinaus wird diskutiert, wem bei der nachhaltigen Transformation eine besondere Verantwortung zukommt: einem **Chief Sustainability Officer**.

Unsere Welt steht vor großen Herausforderungen! Hier ist an den Klimawandel, soziale Ungleichheiten und die Endlichkeit unserer Ressourcen zu denken. Die Unternehmen spielen bei der Bewältigung dieser Probleme eine entscheidende Rolle. Eine **nachhaltige Unternehmensführung** ist nicht nur ein Imperativ für das Überleben der Unternehmen selbst, sondern sie ist auch für das Überleben der Menschheit unverzichtbar. Die **Zukunft unseres Planeten** hängt davon ab, wie wir heute wirtschaften. Daher hoffen wir, dass diese Edition Sie dazu inspiriert, aktiv an der Gestaltung einer nachhaltigeren Wirtschafts- und Unternehmenslandschaft mitzuwirken. Mit diesem Wissen sind Sie gut gerüstet, um einen positiven Einfluss auf unsere gemeinsame Zukunft auszuüben.

Ich wünsche Ihnen viel Lesespaß – und vor allem ein gutes Händchen bei der Umsetzung!

Ihr

Berlin, Deutschland   Ralf T. Kreutzer

Wie Ihnen dieses Buch beim nachhaltigen Wirtschaften helfen wird

- Das Buch vermittelt die Grundprinzipien der Kreislaufwirtschaft mit wissenschaftlichen Erkenntnissen und realen Beispielen.
- Konkrete Anleitungen und Handlungsempfehlungen erleichtern die Implementierung in Unternehmen und Organisationen.
- Inspirierende Fallbeispiele zeigen erfolgreiche Umsetzungsbeispiele der Kreislaufwirtschaft auf.
- Eine Sammlung von Tools und Referenzen unterstützt effektiv die Projektplanung und eine erfolgreiche Umsetzung.
- Sie erkennen, dass die Kreislaufwirtschaft nicht nur die Umwelt schützt, sondern auch neue Geschäftsmöglichkeiten eröffnet.

Inhaltsverzeichnis

1 Warum der Einstieg in die Kreislaufwirtschaft unverzichtbar ist.... 1
   1.1 Handlungshintergrund einer Kreislaufwirtschaft 1
   1.2 Triple Bottom Line 4
   1.3 Von der Linear- zur Kreislaufwirtschaft 5
   Literatur 6

2 Rahmenbedingungen der Kreislaufwirtschaft................... 9
   2.1 Sustainable Development Goals der *Vereinten Nationen*
        als übergeordneter Handlungsrahmen....................... 9
   2.2 *Green Deal* der *Europäischen Kommission* 12
   2.3 Kreislaufwirtschaftsgesetz 14
   2.4 Verpackungsgesetz 18
   Literatur 21

3 Ausgestaltung einer Kreislaufwirtschaft 23
   3.1 Ziele der Kreislaufwirtschaft 23
   3.2 Die 10-R-Regeln der nachhaltigen Unternehmensführung........ 25
   3.3 Zentrale Handlungsfelder der Kreislaufwirtschaft 36
   3.4 Cradle to Cradle Certified® Produktstandard 38
   3.5 Twin Transformation – Verzahnung von nachhaltiger und
        digitaler Transformation 41
   3.6 Hürden einer Kreislaufwirtschaft 50
   3.7 Circularity Gap Report 52
   Literatur 57

4 Chief Sustainability Officer als Treiber der Kreislaufwirtschaft..... 59
Literatur 61

5 Best-Practice-Beispiele der Kreislaufwirtschaft 63
5.1 Kreislaufwirtschaft im Einzelhandel – Beispiele *Amazon* und *IKEA*.. 63
5.2 Kreislaufwirtschaft in der Baubranche – Beispiel *Strabag*........ 64
5.3 Kreislaufwirtschaft in der Telekommunikationsbranche – Beispiel *Deutsche Telekom* 68
5.4 Kreislaufwirtschaft im Produktionssektor – Beispiel *Siemens*..... 70
Literatur 71

6 Appell für ein Umdenken und Handlungsaufforderung............ 73

Nachhaltige Erkenntnisse....................................... 75

Stichwortverzeichnis... 77

Über den Autor

Prof. Dr. Ralf T. Kreutzer war von 2005 bis 2023 Professor für Marketing an der Hochschule für Wirtschaft und Recht/Berlin School of Economics and Law. Parallel dazu war und ist er als Trainer, Coach sowie als Marketing und Management Consultant tätig. Zuvor war er 15 Jahre in verschiedenen Führungspositionen bei Bertelsmann (letzte Position Direktor des Auslandsbereichs einer Tochtergesellschaft), Volkswagen (Geschäftsführer einer Tochtergesellschaft) und der Deutschen Post (Geschäftsführer einer Tochtergesellschaft) tätig, bevor er 2005 zum Professor für Marketing berufen wurde.

Prof. Kreutzer hat durch regelmäßige Publikationen und Keynote-Vorträge (u. a. in Deutschland, Österreich, Schweiz, Frankreich, Belgien, Singapur, Indien, Japan, Russland, USA) maßgebliche Impulse zu verschiedenen Themen rund um Marketing, Dialog-Marketing, CRM/Kundenbindungssysteme, Database-Marketing, Online-Marketing, Social-Media-Marketing, Digitaler Darwinismus, Digital Branding, Dematerialisierung, Change-Management, digitale Transformation, Künstliche Intelligenz, Agiles Management, nachhaltige Unternehmensführung, strategisches sowie internationales Marketing gesetzt und eine Vielzahl von Unternehmen im In- und Ausland in diesen Themenfeldern beraten. Zusätzlich ist Prof. Kreutzer als Trainer und Coach im Einsatz.

Seine jüngsten Buchveröffentlichungen sind „Toolbox für Marketing und Management" (2018), „Toolbox for Marketing and Management" (2019), „B2B-Online-Marketing und Social Media (2. Aufl., 2020, zusammen mit Andrea Rumler und Benjamin Wille-Baumkauff), „Voice-Marketing" (2020, zusammen mit Darius Vousoghi), „Die digitale Verführung" (2020), „Kundendialog online und offline" (2021), „Praxisorientiertes Online-Marketing" (4. Aufl., 2021), „Toolbox für Digital Business" (2021), „Social-Media-Marketing kompakt" (2. Aufl., 2021), „E-Mail-Marketing kompakt" (2. Aufl., 2021), „Online-Marketing – Studienwissen kompakt (3. Aufl., 2021), „Online Marketing" (2022), „Digitale Markenführung" (2022, zusammen mit Karsten Kilian), „Praxisorientiertes Marketing" (6. Aufl., 2022), „Toolbox Digital Business" (2022), „Der Weg zur nachhaltigen Unternehmensführung" (2023), „Künstliche Intelligenz verstehen" (2. Aufl., 2023) sowie „Die Rollen des Chief Sustainability Officers" (2023).

Warum der Einstieg in die Kreislaufwirtschaft unverzichtbar ist 1

1.1 Handlungshintergrund einer Kreislaufwirtschaft

Die **Implementierung von Prinzipien der Kreislaufwirtschaft** gilt heute als **alternativlos**, auch wenn dieser Begriff nicht gerne gesehen wird. Allerdings gibt es für einen verantwortlicheren Umgang mit den vorhandenen Ressourcen wirklich keine Alternative. Schließlich ist die **Erde ein geschlossenes System**! Bis Ressourcen auf anderen Planeten abgebaut und hier verfügbar gemacht werden können, müssen noch viele Jahrzehnte vergehen – wenn es überhaupt je technisch und ökonomisch machbar wird.

Für den Einstieg in die Kreislaufwirtschaft sprechen zunächst **ökologische Argumente**. Angesichts des rasanten Verlusts der biologischen Vielfalt und des fortschreitenden Klimawandels ist ein Übergang zu nachhaltigeren Produktions- und Verbrauchsmustern dringend erforderlich. Welche Bedrohung der Klimawandel für die Menschheit darstellt, kann kaum genug betont werden. Studien und Berichte des *Intergovernmental Panel on Climate Change (IPCC)*, einer wissenschaftlichen Institution der *Vereinten Nationen*, bekräftigen die sich beschleunigende globale Erwärmung. Hier wird regelmäßig die Dringlichkeit betont, gegen diese katastrophale Entwicklung vorzugehen (vgl. IPCC 2023). Der steigende Meeresspiegel, schmelzende Eisberge und eine Zunahme extremer Wetterereignisse (etwa Hitzeperioden und Waldbrände) sind nur einige der beängstigenden Manifestationen dieses Trends.

Das Ausmaß der **Übernutzung natürlicher Ressourcen** wird durch den **Earth Overshoot Day** – den **Erdüberlastungstag** – sichtbar. Dieser Tag markiert den Punkt im Jahr, an dem der menschliche Verbrauch von Ressourcen die Kapazität der Erde zur Regeneration dieser Ressourcen im selben Jahr übersteigt. Ab diesem

© Der/die Autor(en), exklusiv lizenziert an Springer Fachmedien Wiesbaden GmbH, ein Teil von Springer Nature 2023
R. T. Kreutzer, *Kreislaufwirtschaft*, Edition Nachhaltig wirtschaften, https://doi.org/10.1007/978-3-658-43105-1_1

Tag beginnen wir auf Kosten der Erde zu leben. Die Forschungsorganisation *Global Footprint Network* berechnet diesen Tag jährlich auf der Grundlage verschiedener Parameter. Hierzu zählen Emissionen von Treibhausgas, Holzverbrauch und Abfallproduktion. Der Erdüberlastungstag tritt immer früher im Jahr ein. Im Jahr 1970 waren Verbrauch und Regeneration von Ressourcen noch ausgewogen. Damals fiel der Erdüberlastungstag auf den 29. Dezember. Im Jahr 2023 wurde der weltweite Erdüberlastungstag bereits am 2. August erreicht (vgl. Abb. 1.1). In Deutschland lag er noch früher – er fiel schon auf den 4. Mai 2023 (vgl. Global Footprint Network 2023).

▶ **Nachhaltig merken** Der **Erdüberlastungstag** ist ein jährlich wiederkehrender **Weckruf an die Weltgemeinschaft.** Hier wird deutlich, dass unsere derzeitige Lebens- und Wirtschaftsweise nicht nachhaltig ist – und Veränderungen unumgänglich sind.

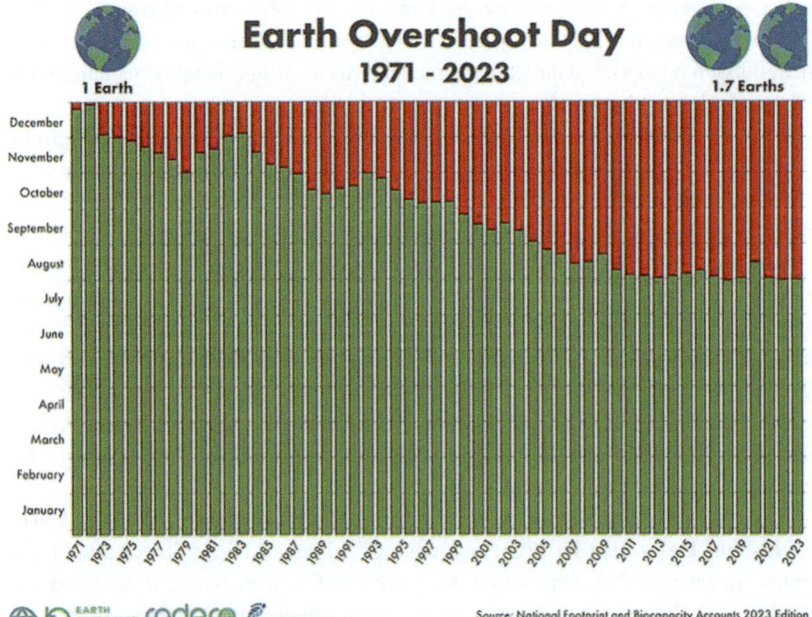

Abb. 1.1 Erdüberlastungstag – Earth Overshoot Day 2023. (Source: Global Footprint Network, www.footprintnetwork.org)

1.1 Handlungshintergrund einer Kreislaufwirtschaft

Die **Kreislaufwirtschaft** kann entscheidend dazu beitragen, den ökologischen Fußabdruck der Menschheit zu verringern. Schließlich helfen geschlossene Kreisläufe, den Verbrauch von Ressourcen, aber auch das Entstehen von Abfall und Emissionen zu verringern. Hierdurch kann der immer sichtbarer werdenden **Ressourcenknappheit** Rechnung getragen werden. Diese Knappheit wird durch die heute noch dominierende **Linearwirtschaft** verursacht, zu deren Überwindung die Kreislaufwirtschaft entscheidend beitragen soll. Vor diesem Hintergrund wird auch nachvollziehbar, warum auf Länder- wie auf EU-Ebene immer mehr **Gesetze** erlassen werden, um Unternehmen zu mehr Nachhaltigkeit zu zwingen.

Gleichzeitig kann durch den Einstieg in die Kreislaufwirtschaft eine **wirtschaftliche Resilienz** gefördert werden: Die Widerstandsfähigkeit der Wirtschaft kann erhöht werden. Eine längere bzw. wiederholte Nutzung von Ressourcen reduziert die Abhängigkeit von volatilen Rohstoffmärkten und macht Unternehmen weniger verwundbar bei instabilen Lieferketten. Der Zusammenbruch ganzer Versorgungsketten im Verlauf der Corona-Pandemie hat vielen Unternehmen auf schmerzhafte Weise gezeigt, wie groß die Abhängigkeit von einzelnen Lieferanten und Lieferländern war – und wie nachhaltig Preissteigerungen bei wichtigen Rohstoffen ausfallen können, wenn es dafür keine Alternativen gibt.

Der Einstieg in die Kreislaufwirtschaft kann auch als **Innovationstreiber** fungieren. Neue Technologien, aber auch ganz neue Geschäftsmodelle können zum **Motor einer nachhaltigeren Wirtschaft** werden. Außerdem können Unternehmen, die sich für kreislauforientierte Lösungen entscheiden, bei Investoren, Mitarbeitern und Kunden entscheidende Wettbewerbsvorteile erzielen. Dies gelingt allerdings nur dann, wenn die Unternehmen den Worten auch Taten folgen lassen, diese glaubwürdig kommunizieren und die Kunden auch bereit sind, nachhaltigere Lösungen zu akzeptieren.

Welche Auswirkungen eine Kreislaufwirtschaft auf den **Arbeitsmarkt** hat, wird durchaus kontrovers diskutiert. Ein geringerer Verbrauch von Rohstoffen sowie deren Rückgewinnung führen dazu, dass weniger neue Rohstoffe gewonnen werden müssen. Dies ist ein zentrales Anliegen der Kreislaufwirtschaft. Hierdurch können Arbeitsplätze im Primärsektor wegfallen. In welchem Ausmaß diese durch neue Arbeitsplätze – bspw. in der Recycling-Industrie – kompensiert werden, wird sich noch zeigen müssen. Außerdem führt die längere Nutzung von Produkten – auch das ein zentrales Ziel der Kreislaufwirtschaft – dazu, dass weniger neue Produkte hergestellt, transportiert, verkauft und gewartet werden müssen. Auch dies kann negative Auswirkungen auf den Arbeitsmarkt haben. Wie sich dies insgesamt auf das **Wirtschaftswachstum von Ländern** auswirken wird, ist noch nicht absehbar.

▶ **Nachhaltig merken** Eine Vielzahl von Gründen verdeutlicht, dass die Kreislaufwirtschaft nicht nur eine ökologische und soziale Verpflichtung, sondern auch eine ökonomische Notwendigkeit darstellt. Wirtschaft, Politik und Gesellschaft sind aufgerufen, gemeinsam an der Umsetzung und Weiterentwicklung von kreislauforientierten Systemen zu arbeiten.

1.2 Triple Bottom Line

Um eine **nachhaltige Unternehmensführung** zu fördern, sollte eine Orientierung am Konzept der **Triple Bottom Line** erfolgen. Die von Elkington (1999) entwickelte **dreifache Bilanz für nachhaltige Wirtschaft** ermutigt Unternehmen, folgende drei Dimensionen – gleichzeitig und gleichberechtigt – zu berücksichtigen:

- **Planet: ökologische Nachhaltigkeit**
  Die ökologische Nachhaltigkeit umfasst die Auswirkungen eines Unternehmens auf die Umwelt. Ziel ist es, die Umweltbelastung in jeder Phase der Wertschöpfungskette zu minimieren. Dazu gehören der verantwortungsvolle Umgang mit natürlichen Ressourcen sowie die Minimierung von Abfall und Emissionen. Außerdem zählt hierzu die Berücksichtigung der ökologischen Auswirkungen bereits bei der Entwicklung von Produkten und Dienstleistungen.
- **People: soziale Nachhaltigkeit**
  Die soziale Nachhaltigkeit konzentriert sich auf die sozialen Auswirkungen und Verantwortlichkeiten eines Unternehmens. Hierbei geht es u. a. um den Schutz der Menschenrechte, um faire Arbeitsbedingungen und um Investitionen in die Gesellschaft.
- **Profit: ökonomische Nachhaltigkeit**
  Die ökonomische Nachhaltigkeit fokussiert darauf, dass ein Unternehmen selbst „überleben" kann. Die Profitabilität bleibt ein Schlüsselziel, denn ohne Profit kann ein kommerzielles Unternehmen nicht überleben.

Durch das **Triple-Bottom-Line-Konzept** werden Unternehmen und Manager motiviert, die eigenen Leistungen auf eine umfassendere und balanciertere Weise zu erfassen – und zu belohnen (vgl. Abb. 1.2). Hierdurch wird sichtbar, dass Unternehmen in Wirtschaft, Gesellschaft und Umwelt eingebunden sind – und deshalb verantwortlich in einem umfassenden Sinne agieren müssen.

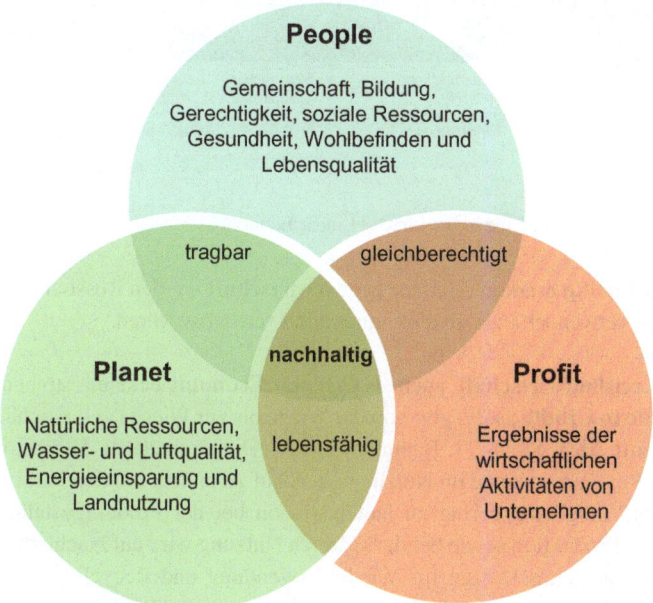

Abb. 1.2 Triple-Bottom-Line-Konzept

▶ **Nachhaltig handeln** Die **Triple Bottom Line** zielt auf die Entwicklung von Geschäftsmodellen, die sowohl wirtschaftlich erfolgreich als auch ökologisch und sozial verantwortlich agieren.

1.3 Von der Linear- zur Kreislaufwirtschaft

Den klassischen Wachstumsstrategien liegt das Konzept der **Linearwirtschaft (Linear Economy)** zugrunde. Hierbei werden Ressourcen für eine einmalige Nutzung verwendet. Man spricht auch von einer **Wegwerfwirtschaft** – getreu dem Motto: **Cradle to Grave** – von der Wiege bis zur Bahre. Das Leitprinzip der linearen Wirtschaft lautet: **Take, Make, Use, Dispose** (vgl. Abb. 1.3). Dieses Prinzip hat das menschliche und unternehmerische Verhalten über Jahrhunderte dominiert und führte zu einem Raubbau an Umwelt und Ressourcen (vgl. auch Kreutzer 2023).

1 Warum der Einstieg in die Kreislaufwirtschaft unverzichtbar ist

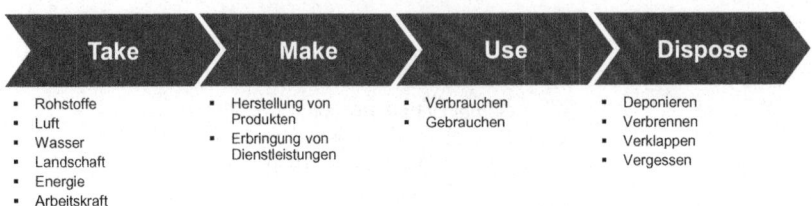

Abb. 1.3 Konzept der Linearwirtschaft – Linear Economy

▶ **Nachhaltig merken** Bei der **Linearwirtschaft** werden Ressourcen nur einmal verwendet – als ob diese unendlich verfügbar wären.

Die **Kreislaufwirtschaft**, auch als **Circular Economy** bekannt, strebt das Prinzip **Cradle to Cradle** an. Es gilt: von der Wiege bis zur Wiege (vgl. Kirchherr et al. 2017; Hauff 2023, S. 24–27; Baumgart und McDonough 2019). Hierbei wird angestrebt, Ressourcen lange im Nutzungskreislauf zu halten, um den Verbrauch von Ressourcen möglichst gering zu halten. Schon bei der Produktgestaltung, aber auch in der Produktion sowie bei der späteren Nutzung wird auf Nachhaltigkeit geachtet. Ein gezieltes Design für Wiederverwendung und Recycling ist von entscheidender Bedeutung, um die Umweltauswirkungen der Produkte am Ende ihres Lebenszyklus zu minimieren und gleichzeitig die Recyclingkosten zu senken. Durch ein recyclingfreundliches Design wird die Wiedereingliederung von Produkten und Materialien in den Kreislauf erleichtert. Hierdurch sollen **geschlossene Materialkreisläufe** entstehen (vgl. Stahel 2019).

▶ **Nachhaltig merken** Das Ziel der Kreislaufwirtschaft besteht darin, wirtschaftliches Wachstum und Ressourcenverbrauch voneinander zu entkoppeln.

Literatur

Baumgart M, McDonough W (2019) Cradle to Cradle: Einfach intelligent produzieren, 5. Aufl. Piper, München
Elkington J (1999) Cannibals with forks: the triple bottom line of 21st century business. Gardners Book, Eastbourne
Global Footprint Network (2023) Earth Overshoot Day 2023. www.footprintnetwork.org. Zugegriffen am 24.07.2023
von Hauff M (2023) Grundwissen Circular Economy. UTB, München

IPCC (2023) The Intergovernmental Panel on Climate Change. https://www.ipcc.ch/. Zugegriffen am 24.07.2023

Kirchherr J, Reike D, Hekkert M (2017) Conceptualizing the circular economy: an analysis of 114 definitions. Resour Conserv Recycl 127:221–232

Kreutzer RT (2023) Die Rollen des Chief Sustainability Officers. Springer Gabler, Wiesbaden

Stahel WR (2019) The circular economy: a user's guide. Routledge, Oxfordshire

Rahmenbedingungen der Kreislaufwirtschaft

Um **Unternehmen** auf einen **Kurs in Richtung Nachhaltigkeit** zu bringen, wurden zum einen generelle Leitideen entwickelt. Zu diesen gehören die **Sustainable Development Goals** der *Vereinten Nationen*. Zusätzlich wurden und werden auf nationaler und auf internationaler Ebene eine Vielzahl von Gesetzeswerken verabschiedet und diskutiert, die ein nachhaltiges Verhalten im umfassenden Sinne erzwingen. Die wichtigsten gesetzlichen Rahmenbedingungen werden nachfolgend präsentiert.

2.1 Sustainable Development Goals der *Vereinten Nationen* als übergeordneter Handlungsrahmen

Die **Sustainable Development Goals** (SDGs) sind 17 Ziele mit 169 Unterzielen, die von den Vereinten Nationen im Jahr 2015 verabschiedet wurden. Sie sollen bis 2030 eine **nachhaltige Entwicklung für alle Menschen auf der Erde** erreichen. Die SDGs sind ein umfassendes Konzept, das alle Aspekte der Nachhaltigkeit berücksichtigt, wie zum Beispiel Armut, Hunger, Gesundheit, Bildung, Gleichberechtigung, Umweltschutz und Frieden (vgl. Abb. 2.1).

Der Kern der Sustainable Development Goals ist die Idee, dass nachhaltige Entwicklung nur möglich ist, wenn alle Menschen in einer Gesellschaft gleichermaßen am Wohlstand und an den Ressourcen beteiligt sind. Die SDGs sind daher darauf ausgerichtet, Armut, Ungleichheit und Diskriminierung zu bekämpfen und allen Menschen ein menschenwürdiges Leben zu ermöglichen. Die Sustainable Development Goals sind ein wichtiger Meilenstein in der **globalen Zusammenarbeit für Nachhaltigkeit**. Sie bieten eine gemeinsame Vision für eine bessere

Abb. 2.1 Sustainable Development Goals der *Vereinten Nationen*. (Quelle: United Nations 2023: The content of this publication has not been approved by the United Nations and does not reflect the views of the United Nations or its officials or Member States)

Zukunft für alle Menschen auf der Erde. Die Umsetzung der SDGs ist eine große Herausforderung, aber sie ist auch eine große Chance, die Welt zu einem besseren Ort zu machen. Die Umsetzung der Sustainable Development Goals ist eine gemeinsame Aufgabe, an der alle Menschen, Regierungen, Unternehmen und Organisationen beteiligt sein müssen.

Der Kreislaufwirtschaft kommt zur **Erreichung der Sustainable Development Goals** eine zentrale Rolle zu. Dies wird an den folgenden Zielen besonders deutlich:

- **SDG 6: Sauberes Wasser und Sanitäreinrichtungen**
  Die Kreislaufwirtschaft muss dafür sorgen, dass das für Produktionsprozesse verwendete Wasser möglichst sauber dem natürlichen Kreislauf wieder zugeführt werden kann.
- **SDG 7: Bezahlbare und saubere Energie**
  Um saubere Energie zu erzeugen, ist bei der Kreislaufwirtschaft auf regenerative Energiequellen zu setzen. Schließlich führt der Einsatz von fossilen Brennstoffen wie Kohle, Öl und Gas zur Energieerzeugung zu deren „end of life".
- **SDG 8: Menschenwürdige Arbeit und Wirtschaftswachstum**
  Die Transformation zu einer Kreislaufwirtschaft kann neue Arbeitsplätze schaffen und zu nachhaltigem Wirtschaftswachstum beitragen.

- **SDG 9: Industrie, Innovation und Infrastruktur**
  Ansätze der Kreislaufwirtschaft können Innovationen in den Bereichen Produktgestaltung, Produktion und Recycling fördern.
- **SDG 11: Nachhaltige Städte und Gemeinden**
  Die Kreislaufwirtschaft ist in Städten und Gemeinden schon bei Planung, Bau und Nutzung zu berücksichtigen. Hier ist neben der Energieversorgung und der Abfallbewirtschaftung auch an kreislauforientiertes Bauen zu denken.
- **SDG 12: Nachhaltige/r Konsum und Produktion**
  Die Kreislaufwirtschaft kann durch effizientere Nutzung von Ressourcen, die Minimierung von Abfall und durch das Design von Produkten und Dienstleistungen dazu beitragen, nachhaltige Konsum- und Produktionsmuster zu fördern.
- **SDG 13: Maßnahmen zum Klimaschutz**
  Durch die Minimierung von Ressourcenverbrauch und Abfall sowie durch eine umfassende Kreislaufwirtschaft können Unternehmen ihre Emissionen von Treibhausgas und den Verbrauch von Primärrohstoffen senken. Dies trägt zur Bekämpfung des Klimawandels bei.
- **SDG 14/15: Leben unter Wasser, Leben an Land**
  Die Kreislaufwirtschaft kann dafür sorgen, dass durch Produktionsprozesse sowie den Ge- und Verbrauch von Gütern weniger Wasser und auch weniger Fläche „verbraucht" werden. Hierdurch wird „mehr Leben" im Wasser und an Land ermöglicht.

Eine besondere Bedeutung kommt dem **SDG 3** zu: **Gesundheit und Wohlergehen**. Man muss konstatieren: Langfristig können die Gesundheit und das Wohlergehen der Menschheit nur dann sichergestellt werden, wenn die Kreislaufwirtschaft zum dominierenden Geschäftsmodell wird. Schließlich gefährdet die Linearwirtschaft auf lange Sicht Gesundheit und Wohlergehen aller – auf allen Kontinenten.

Hierfür hat auch **SDG 17** große Bedeutung: **Partnerschaften zur Erreichung der Ziele**. Kein Mensch, kein Unternehmen und auch kein Land ist – symbolisch gemeint – eine Insel, die zur Insel der Nachhaltigkeit werden kann. Die großen Ziele einer nachhaltigen Entwicklung und damit auch einer Kreislaufwirtschaft können nur im Zusammenspiel aller relevanten Player erreicht werden.

▶ **Nachhaltig handeln** Die **Sustainable Development Goals** liefern einen wichtigen Handlungsrahmen für die Kreislaufwirtschaft. Sie bieten Leitlinien und Ziele, die Unternehmen und Politiker unterstützen können, um den Übergang zu einer Kreislaufwirtschaft zu gestalten und dabei eine Vielzahl von Nachhaltigkeitszielen zu berücksichtigen.

Unternehmen können und sollen sich bei der Ausrichtung auf eine höhere Nachhaltigkeit konkret auf diese Ziele beziehen. Viele Unternehmen tun das bereits!

2.2 Green Deal der Europäischen Kommission

Der **Europäische** *Green Deal* ist ein ehrgeiziges Projekt, das von den 27 EU-Mitgliedstaaten mit dem Ziel eingeführt wurde, eine **Klimaneutralität bis 2050** zu erreichen. Klimaneutralität bedeutet, dass die EU keine zusätzlichen Treibhausgase mehr in die Atmosphäre freisetzt. Dies soll durch eine Kombination von Emissionsreduzierung und CO_2-Abscheidung und CO_2-Speicherung erreicht werden. Um dieses Ziel zu erreichen, sieht der *Green Deal* eine erhebliche Verschärfung der bestehenden Klimaziele vor. Mit dem ersten Meilenstein, die Treibhausgas-Emissionen bis 2030 um mindestens 55 % im Vergleich zu 1990 zu reduzieren, soll eine umfassende Neuausrichtung von Wirtschaft und Gesellschaft erfolgen. Die Initiative *„Fit für 55"* ist eine Sammlung von Vorschlägen zur Überarbeitung bestehender EU-Rechtsvorschriften und zur Einführung neuer Maßnahmen, die mit den Klimazielen des Rates und des Europäischen Parlaments übereinstimmen (vgl. Europäische Kommission 2023; DeStatis 2023):

- Bis 2021 hatte die EU ihre **Treibhausgas-Emissionen** bereits um 28 % im Vergleich zu 1990 reduziert, wobei drei Viertel dieser Emissionen auf den Energiebereich entfallen. Um die Klimaziele zu erreichen, strebt die EU eine vollständige **Dekarbonisierung ihres Energiesystems** an. Dies erfordert eine signifikante Erhöhung des Anteils erneuerbarer Energien und eine deutliche Steigerung der Energieeffizienz.
- Im Hinblick auf **erneuerbare Energien** hat sich die EU das Ziel gesetzt, bis 2030 ihren Anteil auf 40 % zu erhöhen. Obwohl erhebliche Fortschritte erzielt wurden – 2021 wurden 22 % des Brutto-Endenergieverbrauchs der EU aus erneuerbaren Quellen gedeckt – gibt es immer noch große Unterschiede zwischen den einzelnen Sektoren. Bis 2030 plant die EU, die installierte **Fotovoltaik-Leistung** in der EU auf insgesamt 600 Gigawatt zu vervierfachen.
- Die EU plant außerdem, den **Primär- und Endenergieverbrauch** bis 2030 deutlich zu reduzieren, um die Emissionen und Energiekosten für Verbraucher und Industrie zu senken. Diese Bemühungen umfassen auch die schrittweise Beendigung des Kohleabbaus. Die Verbrennung von Kohle verursacht immer noch erhebliche Mengen an CO_2-Emissionen.

2.2 Green Deal der Europäischen Kommission

- Der **Straßenverkehr**, der 2021 rund ein Fünftel aller Treibhausgas-Emissionen der EU verursachte, muss sauberer werden. Dies soll durch die Schaffung von Bedingungen für eine **emissionsfreie oder emissionsarme Mobilität** erreicht werden. Ab 2035 plant die EU, nur noch **emissionsfreie Neuwagen** zuzulassen. Obwohl der durchschnittliche CO_2-Ausstoß von neuen Pkw in der EU bereits 2021 um rund ein Fünftel niedriger lag als vor zehn Jahren, ist der Weg zur Klimaneutralität noch weit.
- Zusätzlich ist eine **Förderung des Schienenverkehrs** geplant. Allerdings ist der Anteil des Schienenverkehrs am gesamten Güterverkehr zwischen 2011 und 2021 gesunken. Durch Investitionen in die Infrastruktur, durch eine Förderung von Technologien zur Erhöhung der Frachtkapazität und durch Anreize für Unternehmen, die Schiene anstelle der Straße zu nutzen, soll eine intensivere Nutzung erreicht werden.
- Die **Förderung der Binnenschifffahrt** soll dazu beitragen, deren ebenfalls zurückgehenden Anteil am gesamten Güterverkehr wieder zu steigern. Dies könnte durch die Verbesserung der Wasserwege, eine Förderung sauberer und effizienter Schifffahrtstechnologien und mit Anreizen für den Einsatz von Binnenschiffen erreicht werden.
- Gleichzeitig wird eine **Reduzierung des Straßentransports** angestrebt, um dessen zunehmenden Anteil am Güterverkehr zu stoppen. Dies könnte durch strenge Emissionsvorschriften sowie Anreize zur Nutzung alternativer Verkehrsträger erreicht werden. Flankierend kann eine Förderung von Technologien zur Reduzierung der Umweltauswirkungen des Straßentransports erfolgen.
- Durch den *Green Deal* sollen auch die **Biodiversität** geschützt und die landwirtschaftlichen Praktiken verbessert werden. Hierbei geht es um Maßnahmen zum Schutz der natürlichen Umwelt durch die Wiederherstellung beschädigter Ökosysteme, die Verbesserung der Luft- und Wasserqualität und die Förderung nachhaltiger landwirtschaftlicher Praktiken. So wird in der Landwirtschaft die **Halbierung des Pestizideinsatzes** bis 2030 angestrebt. Hierdurch sollen die negativen Auswirkungen von Pestiziden auf die biologische Vielfalt, den Boden, die Luft, das Wasser und die menschliche Gesundheit verringert werden. Dies könnte durch die Förderung von nachhaltigen Anbaumethoden, die Bereitstellung von Schulungen und Anreizen für Landwirte zur Umstellung auf biologischen Anbau und die Entwicklung und Förderung von Alternativen zu herkömmlichen Pestiziden erreicht werden.

Insgesamt zeigt der *European Green Deal* den Weg zu einer nachhaltigen und klimaneutralen Zukunft, in der Innovationen und technologische Entwicklungen im Mittelpunkt stehen. Unternehmen werden durch eine **Vielzahl von Gesetzen** dazu angehalten, durch eine nachhaltige Unternehmensführung die Erreichung der hier definierten Ziele zu unterstützen. Der *Green Deal* soll gleichzeitig als **Katalysator für Investitionen in grüne Technologien, nachhaltige Lösungen und innovative Geschäftsmodelle** dienen. Dies betrifft eine Vielzahl von Sektoren, einschließlich Energie, Verkehr, Landwirtschaft und Industrie. Hierfür zielt der *Green Deal* darauf ab, den Übergang der Industrie zu saubereren und digitalisierten Produktionsmethoden zu fördern und dabei die internationale Wettbewerbsfähigkeit der EU zu erhalten.

▶ **Nachhaltig merken** Der *European Green Deal* ist ein umfangreicher und ambitionierter Plan, der das Potenzial hat, die europäische Wirtschaft zu transformieren und sie auf den Pfad der Nachhaltigkeit zu führen. Sein Erfolg hängt jedoch von der konsequenten Umsetzung und Unterstützung durch alle Beteiligten ab. Allerdings ist darauf zu achten, dass nicht durch eine **Überregulierung** entscheidende Wettbewerbsvorteile verloren gehen.

2.3 Kreislaufwirtschaftsgesetz

Wichtige Anforderungen für die Umsetzung einer Kreislaufwirtschaft resultieren aus dem einschlägigen Kreislaufwirtschaftsgesetz (KrWG; Bundesministerium der Justiz 2021) – dem Gesetz zur Förderung der Kreislaufwirtschaft und Sicherung der umweltverträglichen Bewirtschaftung von Abfällen. Das deutsche Kreislaufwirtschaftsgesetz setzt EU-Richtlinien in nationales Recht um. Es ist darauf ausgerichtet, den Schutz von Mensch und Umwelt bei der Erzeugung und Bewirtschaftung von Abfällen sicherzustellen und die Kreislaufwirtschaft zur Schonung der natürlichen Ressourcen zu fördern. Die Grundpflichten der Kreislaufwirtschaft werden in § 7 KrWG wie folgt definiert:

„… Die Erzeuger oder Besitzer von Abfällen sind zur Verwertung ihrer Abfälle verpflichtet. Die Verwertung von Abfällen hat Vorrang vor deren Beseitigung. …
 Die Verwertung von Abfällen, insbesondere durch ihre Einbindung in Erzeugnisse, hat ordnungsgemäß und schadlos zu erfolgen. Die Verwertung erfolgt ordnungsgemäß, wenn sie im Einklang mit den Vorschriften dieses Gesetzes und anderen öffentlich-rechtlichen Vorschriften steht. Sie erfolgt schadlos, wenn nach der
 Beschaffenheit der Abfälle, dem Ausmaß der Verunreinigungen und der Art der Verwertung Beeinträchtigungen des Wohls der Allgemeinheit nicht zu erwarten sind, insbesondere keine Schadstoffanreicherung im Wertstoffkreislauf erfolgt. …

2.3 Kreislaufwirtschaftsgesetz

> Die Pflicht zur Verwertung von Abfällen ist zu erfüllen, soweit dies technisch möglich und wirtschaftlich zumutbar ist, insbesondere für einen gewonnenen Stoff oder gewonnene Energie ein Markt vorhanden ist oder geschaffen werden kann. Die Verwertung von Abfällen ist auch dann technisch möglich, wenn hierzu eine Vorbehandlung erforderlich ist. Die wirtschaftliche Zumutbarkeit ist gegeben, wenn die mit der Verwertung verbundenen Kosten nicht außer Verhältnis zu den Kosten stehen, die für eine Abfallbeseitigung zu tragen wären."

Das Kreislaufwirtschaftsgesetz definiert darüber hinaus konkrete Anforderungen, die Unternehmen, Behörden und andere Akteure im Umgang mit Abfällen erfüllen müssen. Die damit verbundenen Pflichten können je nach Kontext und Organisation variieren. Nachfolgend werden zentrale Handlungsfelder aufgezeigt:

- **Abfallvermeidung und Abfallminimierung**
  Zunächst einmal sind Unternehmen verpflichtet, Abfälle zu vermeiden und zu minimieren. Eine **Vermeidung** nach § 3 KrWG ist jede Maßnahme, die ergriffen wird, bevor ein Stoff, Material oder Erzeugnis zu Abfall geworden ist. Solche Maßnahmen dienen dazu, die Abfallmenge, die schädlichen Auswirkungen des Abfalls auf Mensch und Umwelt oder den Gehalt an schädlichen Stoffen in Materialien und Erzeugnissen zu verringern.
  Hier ist vor allem an die anlageninterne **Kreislaufführung von Stoffen** (Stichwort Effizenz der Produktionsprozesse) und eine **abfallarme Produktgestaltung** zu denken. Auch die **Wiederverwendung von Erzeugnissen** sowie die **Verlängerung der Lebensdauer von Produkten** durch regelmäßige Wartung und Instandhaltung sorgen für eine Abfallvermeidung. So können auch Reparaturen mögliche Neukäufe ersetzen. Der **Erwerb von abfall- und schadstoffarmen Produkten** durch Kunden sowie die **Nutzung von Mehrwegverpackungen** tragen ebenfalls zur Vermeidung bzw. Minimierung von Abfällen bei.
- **Vorbereitung zur Wiederverwendung**
  Wenn Abfälle nicht vermieden werden können, sind Unternehmen verpflichtet, Produkte und Materialien so zu gestalten, dass sie leicht wiederverwendet oder recycelt werden können. Eine **Wiederverwendung** ist nach § 3 KrWG jedes Verfahren, bei dem Erzeugnisse oder Bestandteile, die jedoch keine Abfälle sind, wieder für denselben Zweck verwendet werden, für den sie ursprünglich bestimmt waren.
- **Getrennte Sammlung und Recycling**
  Nach § 9 KrWG müssen Abfälle, wo nötig, getrennt gesammelt und behandelt werden. Dies beinhaltet Pflichten zur **getrennten Sammlung von Abfällen**

(bspw. bei Papier, Glas, Metallen, Kunststoffen und Bioabfällen), um die Qualität des Recyclingmaterials zu verbessern.

Eine getrennte Sammlung von Abfällen ist jedoch nicht erforderlich, wenn die gemeinsame Sammlung das Wiederverwendungs-, Recycling- oder sonstige Verwertungspotenzial der Abfälle nicht beeinträchtigt. Auf eine Trennung kann auch verzichtet werden, wenn eine getrennte Sammlung nicht den besten Schutz von Mensch und Umwelt gewährleistet, technisch unmöglich ist oder für den Verpflichteten unverhältnismäßig hohe Kosten verursachen würde.

Recycling ist nach § 3 KrWG jedes Verwertungsverfahren, durch das Abfälle zu Erzeugnissen, Materialien oder Stoffen entweder für den ursprünglichen Zweck oder für andere Zwecke aufbereitet werden. Dies schließt auch die Aufbereitung organischer Materialien ein. Eine energetische Verwertung und die Aufbereitung zu Materialien, die für die Verwendung als Brennstoff oder zur Verfüllung bestimmt sind, zählen nicht zum Recycling.

- **Abfallbehandlung und Entsorgung**
Das Kreislaufwirtschaftsgesetz regelt die Anforderungen an eine **ordnungsgemäße Behandlung und Entsorgung von Abfällen**. Es legt Anforderungen an die Umweltverträglichkeit von Anlagen fest und enthält Vorgaben für die Deponierung von Abfällen (vgl. § 28 KrWG).
- **Andere Formen der Verwertung**
Falls Recycling nicht möglich ist, sollten Unternehmen **alternative Formen der Abfallverwertung** suchen, wie bspw. die energetische Verwertung. **Verwertung** im Sinne des § 3 KrWG ist jedes Verfahren, als dessen Hauptergebnis die Abfälle innerhalb der Anlage oder in der weiteren Wirtschaft einem sinnvollen Zweck zugeführt werden. Hierbei können sie entweder andere Materialien ersetzen, die sonst zur Erfüllung einer bestimmten Funktion verwendet worden wären. Es können die Abfälle auch so vorbereitet werden, dass sie diese Funktion erfüllen.
- **Beseitigung**
Wenn Vermeidung, Wiederverwendung und Verwertung nicht möglich sind, müssen Unternehmen die **Beseitigung** ihrer Abfälle sicherstellen. Nach § 15 KrWG sind Erzeuger oder Besitzer von Abfällen, die nicht verwertet werden, dazu verpflichtet, diese zu beseitigen und dabei deren Menge und Schädlichkeit zu verringern. Energie oder Abfälle, die bei der Beseitigung entstehen, müssen sinnvoll genutzt werden.

Die Beseitigung von Abfällen muss so erfolgen, dass das Allgemeinwohl nicht beeinträchtigt wird. Eine Beeinträchtigung läge u. a. dann vor, wenn Gesundheit, Tiere oder Pflanzen gefährdet werden, Gewässer oder Böden schädlich beeinflusst werden oder schädliche Umwelteinwirkungen entstehen.

2.3 Kreislaufwirtschaftsgesetz

- **Nachweisführung und Dokumentation**
  Unternehmen sind verpflichtet, ihre Abfallströme zu dokumentieren und die Einhaltung der Abfallhierarchie nachzuweisen. Die **Abfallhierarchie** wird von § 6 KrWG wie folgt definiert:
  - Vermeidung
  - Vorbereitung zur Wiederverwendung
  - Recycling
  - sonstige Verwertung, insb. energetische Verwertung und Verfüllung
  - Beseitigung

  Die öffentlich-rechtlichen Entsorgungsträger haben zur Dokumentation **Abfallwirtschaftskonzepte** und **Abfallbilanzen** zu erstellen. Diese müssen über die Verwertung, die Vorbereitung zur Wiederverwendung, das Recycling sowie über die Beseitigung der in ihrem Gebiet anfallenden und ihnen zu überlassenden Abfälle informieren (§ 21 KrWG).

- **Produktverantwortung**
  § 23 KrWG verpflichtet Unternehmen, die Produkte entwickeln, herstellen, verarbeiten oder verkaufen, eine Produktverantwortung zu übernehmen. Sie sollen Produkte so gestalten, dass die Entstehung von Abfällen minimiert wird und die Abfälle nach Gebrauch umweltverträglich verwertet oder beseitigt werden können. Diese Verantwortung umfasst u. a.
  - die Entwicklung und Produktion von langlebigen und wiederverwendbaren Produkten,
  - den Einsatz von recycelbaren Materialien,
  - den sparsamen Einsatz von kritischen Rohstoffen,
  - die Reduzierung von gefährlichen Stoffen in Produkten und
  - die Kennzeichnung der Produkte hinsichtlich ihres Recyclingpotenzials und möglicher Pfandregelungen.

  Unternehmen sind zudem verpflichtet, ihre Produkte zurückzunehmen und umweltverträglich zu verwerten oder zu beseitigen und die Kosten für die Entsorgung der Abfälle zu übernehmen. Sie sollen auch die Öffentlichkeit über Abfallvermeidung, Abfallverwertung und Abfallentsorgung informieren und an den Kosten für die Umweltreinigung beteiligt sein.

- **Betriebsbeauftragter für Abfall**
  § 59 KrWG verlangt von Betreibern bestimmter Anlagen, einen oder mehrere Betriebsbeauftragte für Abfall zu ernennen. Hierzu gehören neben **Rücknahmesystemen** und **Rücknahmestellen** auch **Anlagen, bei denen regelmäßig gefährliche Abfälle** anfallen.

Flankierend hierzu erstellt der Bund ein **Abfallvermeidungsprogramm** (§ 33 KrWG). Außerdem sind die Länder aufgefordert für ihr Gebiet **Abfallwirtschaftspläne** zu erstellen (§§ 30–32 KrWG). Diese legen strategische Ziele und Maßnahmen für die Abfallwirtschaft fest und dienen als Grundlage für die Umsetzung von Abfallvermeidungs- und Recyclingmaßnahmen.

▶ **Nachhaltig merken** Das Kreislaufwirtschaftsgesetz ist ein wichtiger Schritt zur **Förderung der Kreislaufwirtschaft** in Deutschland. Die Pflichten von Unternehmen tragen dazu bei, die Abfallmenge zu reduzieren und Ressourcen zu schonen. Hierfür werden den Unternehmen umfassende Pflichten auferlegt.

▶ **Nachhaltig handeln** Aus dem **Kreislaufwirtschaftsgesetz** ergibt sich eine **Vielzahl von Pflichten**. Jedes Unternehmen ist aufgerufen, die für die eigene Branche bzw. das eigene Unternehmen relevanten Anforderungen zu ermitteln und entsprechend zu agieren.

2.4 Verpackungsgesetz

Das **Verpackungsgesetz** (VerpackG) – korrekt: **Gesetz über das Inverkehrbringen, die Rücknahme und die hochwertige Verwertung von Verpackungen** – in Deutschland ist die nationale Umsetzung der europäischen Verpackungsrichtlinie 94/62/EG. Es stellt **Regeln für die Einführung von Verpackungen** sowie für die **Rücknahme von Verpackungen** und qualitativ hochwertige **Wiederverwendung von Verpackungsabfällen** auf. Das Gesetz, das 2019 die zuvor gültige Verpackungsverordnung (VerpackV) ersetzte, wurde im Jahr 2021 aktualisiert. Seit dem 3. Juli 2021 ist das revidierte Gesetz in Deutschland in Kraft (vgl. Hesselmann service GmbH 2023).

Die **Ziele des Verpackungsgesetzes** sind in § 1 dargelegt. Dieses Gesetz legt zunächst die Anforderungen an die Produktverantwortung nach § 23 des Kreislaufwirtschaftsgesetzes für Verpackungen fest. Diese **Anforderungen** werden mit dem Ziel definiert, die **Umweltauswirkungen von Verpackungsabfällen** zu vermeiden oder zu reduzieren. Es fördert die **Vermeidung von Verpackungsabfällen** und deren **Wiederverwendung** oder **Recycling** und schützt die Marktteilnehmer vor unlauterem Wettbewerb. Das Gesetz sieht eine **haushaltsnahe Sammlung von Verpackungsabfällen** vor, um zusätzliche Wertstoffe zu gewinnen. Außerdem wird die **Verwendung von Mehrweg-Getränkeverpackungen** gefördert.

2.4 Verpackungsgesetz

Um die Wirksamkeit zu überprüfen, wird der Anteil der in **Mehrweg-Getränkeverpackungen** abgefüllten Getränke jährlich ermittelt. Hier wird ein Anteil von mindestens 70 % angestrebt. Das Gesetz stellt auch sicher, dass die Ziele der EU-Richtlinie über Verpackungen und Verpackungsabfälle erreicht werden. Das umfasst das **Verwertungsziel** von mindestens 65 % der Verpackungsabfälle und das **Recyclingziel** von mindestens 55 %. Für die einzelnen Verpackungsmaterialien gelten spezifische Prozentsätze.

Ergänzend heißt es in § 2 VerpackG zum **Anwendungsbereich** kurz und bündig:

„Dieses Gesetz gilt für alle Verpackungen."

Das **Verpackungsgesetz** bezieht sich auf sämtliche **Verpackungen**, die auf dem deutschen Markt eingeführt werden. Es unterscheidet verschiedene Kategorien von Verpackungen. Dazu zählen Verkaufsverpackungen, Umverpackungen, Serviceverpackungen, Versandverpackungen und Transportverpackungen. Darüber hinaus gibt es Unterscheidungen zwischen Verpackungen, die normalerweise beim privaten Endverbraucher anfallen (B2C) und solchen, die im kommerziellen Sektor (B2B) genutzt werden. Getränkeverpackungen nehmen hierbei eine besondere Stellung ein.

Die Verpackungen werden im Gesetz zusätzlich nach **Materialarten** klassifiziert. Dazu zählen vor allem Papier und Karton, Kunststoffe, Glas, Eisenmetalle, Aluminium sowie Verbundwerkstoffe. Zur Förderung von **umweltfreundlichen Verpackungen** werden teilweise finanzielle Anreizsysteme eingesetzt.

Gemäß dem Verpackungsgesetz wird jeder, der Verpackungen beruflich und unabhängig von Vertriebsweg oder Handelsstufe in Deutschland anbietet, als **Vertreiber** bezeichnet. Man kann innerhalb der Vertriebskette drei verschiedene **Typen von Vertreibern** identifizieren, die jeweils unterschiedliche Verpflichtungen erfüllen müssen (vgl. § 3 Absatz 12–14 VerpackG; Hesselmann service GmbH 2023):

- **Erstvertreiber** sind diejenigen, die erstmals Verpackungen beruflich in Deutschland auf den Markt bringen. Diese werden als **Hersteller** definiert.
- Die **Händler**, die Verpackungen von Herstellern oder vorherigen Vertreibern erwerben und weiterverkaufen, haben in der Regel keine eigenen Verpflichtungen nach dem Verpackungsgesetz. Allerdings müssen sie nachweisen können, dass die entsprechenden Verpflichtungen auf einer höheren Handelsstufe bereits erfüllt wurden. Sie können jedoch eigene Verpflichtungen haben, wenn sie erstmalig Verpackungsteile in den Verkehr bringen. Hierzu zählen bspw. Adressetiketten oder Versandverpackungen.

- **Letztvertreiber** sind die Händler, die Verpackungen an Endverbraucher weitergeben. Sie können Informationspflichten gegenüber den Endverbrauchern zu erfüllen haben. Letztvertreiber von B2C-Service- und B2C-Versand-Verpackungen müssen sich in der Regel auch als **Hersteller** an einem System beteiligen. Bei Service-Verpackungen kann die Systembeteiligung jedoch an den Vorvertreiber delegiert werden. Für bestimmte Verpackungen bestehen für Letztvertreiber begrenzte Rücknahmeverpflichtungen.

Ab dem 1. Juli 2022 besteht zusätzlich eine **Registrierungspflicht im Verpackungsregister LUCID für alle Verpackungsarten**, die Hersteller erstmals gewerbsmäßig in Deutschland mit Ware befüllt in Verkehr bringen.

Wie schon ausgeführt werden nach dem Verpackungsgesetz diejenigen als **Hersteller** definiert, die erstmalig Verpackungen in Deutschland in den Verkehr bringen. Abhängig vom Typ und der Systembeteiligungspflicht (B2C oder B2B) der Verpackungsmaterialien müssen sie unterschiedliche Pflichten aus dem VerpackG erfüllen. Für **systembeteiligungspflichtige Verpackungen** umfassen diese Pflichten hauptsächlich die Registrierung beim Verpackungsregister und die Teilnahme an einem (dualen) System zur Gewährleistung der bundesweiten Rücknahme und Verwertung von Verpackungsabfällen. Seit Neuestem sind gemäß § 15 VerpackG auch Hersteller und nachfolgende Vertreiber von Mehrwegverpackungen zur Rücknahme und Verwertung verpflichtet.

Importeure, die Verpackungen nach Deutschland und sie hier zum ersten Mal in den Verkehr bringen, werden im Verpackungsgesetz den Herstellern gleichgestellt und müssen dieselben Pflichten übernehmen. Hierbei sind grundsätzlich zwei verschiedene Szenarien zu berücksichtigen (vgl. § 3 Absatz 9 VerpackG; Hesselmann service GmbH 2023):

- Verpackungen werden aus dem Ausland direkt an (private oder geschäftliche) Endverbraucher geliefert, etwa über einen Online-Shop. In diesem Fall muss der ausländische Händler in Deutschland die Herstellerpflichten gemäß dem Verpackungsgesetz erfüllen. Er kann diese Aufgabe auch einem in Deutschland ansässigen Bevollmächtigten übertragen.
- Der ausländische Exporteur beliefert ein in Deutschland ansässiges Unternehmen, welches die Verpackungen geschäftlich an weitere deutsche Vertriebspartner oder Endverbraucher weitergibt. Hier ist üblicherweise das deutsche Unternehmen der Importeur und somit der Hersteller gemäß dem Verpackungsgesetz. Der ausländische Händler kann jedoch freiwillig oder „auf freundliche Aufforderung der deutschen Importeure" die Herstellerpflichten in Deutschland übernehmen.

Darüber hinaus gelten nach § 3 Absatz 9 VerpackG die **Auftraggeber von Auftragsfertigungen** als Hersteller, wenn sie Verpackungen mit Waren bei einem Dritten befüllen lassen und ausschließlich mit ihrer eigenen Marke oder ihrem eigenen Unternehmensnamen kennzeichnen.

▶ **Nachhaltig handeln** Auch aus dem **Verpackungsgesetz** leitet sich eine **Vielzahl von Handlungsnotwendigkeiten** ab, die für die Kreislaufwirtschaft bedeutsam sind und von Unternehmen berücksichtigt werden müssen.

Literatur

Bundesministerium der Justiz (2021) Gesetz zur Förderung der Kreislaufwirtschaft und Sicherung der umweltverträglichen Bewirtschaftung von Abfällen (Kreislaufwirtschaftsgesetz – KrWG). https://www.gesetze-im-internet.de/krwg/BJNR021210012.html. Zugegriffen am 24.07.2023

DeStatis (2023) Europäischer Green Deal: Klimaneutralität bis 2050. https://www.destatis.de/Europa/DE/Thema/GreenDeal/_inhalt.html. Zugegriffen am 24.07.2023

Europäische Kommission (2023) Europäischer Grüner Deal. https://commission.europa.eu/strategy-and-policy/priorities-2019-2024/european-green-deal_de. Zugegriffen am 24.07.2023

Hesselmann service GmbH (2023) Das Verpackungsgesetz. https://www.verpackungsgesetz.com/. Zugegriffen am 24.07.2023

United Nations (2023) Take action for the sustainable development goals. https://www.un.org/sustainabledevelopment/. Zugegriffen am 24.07.2023

Ausgestaltung einer Kreislaufwirtschaft 3

3.1 Ziele der Kreislaufwirtschaft

Die **Kreislaufwirtschaft** bzw. die **Circular Economy** zielt darauf, Abfall zu minimieren und den Wert von Ressourcen zu steigern, bspw. durch langlebige Designansätze, Wiederverwendung, Reparatur und Recycling. Im Mittelpunkt stehen hierbei die **Nachhaltigkeit und Effizienz der Ressourcennutzung**. Bei der Diskussion der Ziele einer Kreislaufwirtschaft kann zwischen der nationalen Ebene und der Unternehmensebene unterschieden werden.

Welche **Ziele der Kreislaufwirtschaft** werden auf nationaler Ebene angestrebt?

- **Abfallreduzierung**
  Ein zentrales Ziel der Kreislaufwirtschaft auf nationaler Ebene ist die Reduzierung von Abfällen. Dies beinhaltet Strategien zur Abfallvermeidung, zur Wiederverwendung von Produkten und Materialien und zur Erhöhung der Recyclingraten. Dies schlägt sich in den Gesetzen nieder, die in Kap. 2 vorgestellt wurden.
- **Ressourceneffizienz**
  Die Kreislaufwirtschaft zielt darauf ab, die Ressourceneffizienz zu erhöhen, indem Materialien so lange wie möglich im Produktions- und Nutzungskreislauf gehalten werden. Hierdurch soll – bspw. in Deutschland – die Abhängigkeit von Rohstoffimporten reduziert werden.

- **Umweltschutz**
  Durch die Verringerung von Abfällen und die Verbesserung der Ressourcennutzung sollen nachteilige Auswirkungen wirtschaftlicher Tätigkeit auf die Umwelt reduziert werden.
- **Förderung von grünen Technologien und Innovationen**
  Die Regierung fördert die Entwicklung und Implementierung von Technologien und Geschäftsmodellen, die zur Kreislaufwirtschaft beitragen. Diese ökologische Transformation soll deutschen Unternehmen zu Wettbewerbsvorteilen auf dem Weltmarkt verhelfen.
- **Schaffung von (nachhaltigeren) Arbeitsplätzen**
  Die Umstellung auf eine Kreislaufwirtschaft kann zur Schaffung neuer Arbeitsplätze beitragen, etwa in den Bereichen Recycling, Wiederverwendung und Reparatur. Gleichzeitig kann es durch einen Verzicht auf neue Produkte und Verpackungen auch zu einem Verlust von Arbeitsplätzen kommen.

Welche **Ziele der Kreislaufwirtschaft** werden auf der Unternehmensebene angestrebt?

- **Kostenreduktion**
  Unternehmen können durch die Verwendung von weniger und/oder von recycelten Materialien ihre Kosten reduzieren. Dies kann auch durch die Wiederverwendung von Produkten und ganzen Anlagen sowie durch effizientere Herstellungsprozesse gelingen.
- **Nachhaltige Wertschöpfung**
  Durch die Integration von Prinzipien der Kreislaufwirtschaft können Unternehmen eine nachhaltigere Wertschöpfung erzielen. Dies kann auf People, Planet und Profit gleichermaßen positiv „einzahlen" (vgl. Abb. 1.2).
- **Risikomanagement**
  Eine Kreislaufwirtschaft kann helfen, Risiken im Zusammenhang mit Ressourcenknappheit und regulatorischen Änderungen zu mindern. Durch eine Verringerung der Abhängigkeit von (unsicheren) Lieferanten bzw. von knappen Ressourcen kann auch die unternehmerische Resilienz gesteigert werden.
- **Differenzierung im Wettbewerb**
  Durch den Einsatz von Prinzipien der Kreislaufwirtschaft können sich Unternehmen positiv abgrenzen und ggf. einen Wettbewerbsvorteil gegenüber solchen Unternehmen erzielen, die traditionelle lineare Geschäftsmodelle anwenden. Diese Profilierung in Sachen Nachhaltigkeit kann sich positiv auf die Wahrnehmung durch Kunden, Mitarbeiter (aktuelle und potenzielle) und Investoren auswirken – allerdings nur dann, wenn diese ein solches Verhalten auch wertschätzen.

- **Förderung von Innovationen**
  Das Streben nach einer Kreislaufwirtschaft kann Innovationen fördern, da Unternehmen neue Wege zur Verwertung und Wiederverwendung von Materialien suchen. Hierdurch werden Technologiesprünge möglich, die zu nachhaltigen Wettbewerbsvorteilen führen können.

▶ **Nachhaltig merken** Es ist zu beachten, dass die Ziele von Ländern und Unternehmen hinsichtlich der Kreislaufwirtschaft nicht isoliert betrachtet werden sollten. Es besteht eine gegenseitige Abhängigkeit und Einflussnahme zwischen beiden Ebenen. Diese ist für die effektive Implementierung und den Erfolg der Kreislaufwirtschaft von entscheidender Bedeutung.

3.2 Die 10-R-Regeln der nachhaltigen Unternehmensführung

Die **Kreislaufwirtschaft** ist ein wichtiger **Teil der nachhaltigen Unternehmensführung**. Nachfolgend wird anhand der **10-R-Regeln** aufgezeigt, durch welche Handlungen die Unternehmen hier tätig werden können (vgl. Abb. 3.1).

Einige der in Abb. 3.1 gezeigten Handlungsfelder können bereits vor einem Eintritt in die Kreislaufwirtschaft bespielt werden. Hierbei handelt es sich um die ersten 3 Rs, die nachfolgend inhaltlich beschrieben werden.

Abb. 3.1 10-R-Regeln der nachhaltigen Unternehmensführung

Refuse
Reduce
Rethink
Redesign
Reuse
Repair
Refurbishing
Refabrication/Remanufacturing
Repurpose
Recycle

Refuse

Refuse beschreibt das Ziel, bestimmte **Rohstoffe, Produkte, Prozesse** oder ganze **Geschäftsmodelle** vollständig abzulehnen, wenn diese selbst nicht nachhaltig zu gewinnen, nicht nachhaltig herzustellen und/oder nicht nachhaltig auszugestalten sind. Deren Einsatz sollte auch vermieden werden, wenn nachhaltigere Alternativen zur Verfügung stehen. Unternehmen können den **Refuse-Ansatz** wie folgt umsetzen:

- Verzicht auf den Einsatz von nicht erneuerbaren Ressourcen (bspw. bei der Energieerzeugung durch Kohle, Öl und Gas)
- Kein Einsatz von Rohstoffen aus nicht nachhaltiger Erzeugung (etwa von Palmöl oder Teakholz aus nicht nachhaltigen Quellen)
- Keine Herstellung von Produkten mit einer hohen CO_2-Bilanz (u. a. Einweg-Plastik)
- Einstellung von Prozessen, die sich negativ auf die Umwelt und/oder die Gesellschaft auswirken (so bspw. die Verwendung aufwändiger Verpackungen ohne relevanten Nutzen; Verzicht auf Einweg-Geschirr in der Kantine)
- Beendigung ganzer Geschäftsmodelle, wenn diese nicht nachhaltig auszugestalten sind (Stichwort People, Planet, Profit)

Das Konzept des Refuse kann sich folglich auf mehrere Unternehmensbereiche erstrecken: von der Beschaffung über die Produktion und Logistik bis hin zu Marketing und Vertrieb. Es erfordert ein hohes Maß an unternehmerischer Verantwortung, sich von traditionellen Geschäftspraktiken zu lösen und ggf. (zunächst) weniger profitable, aber nachhaltigere Wege zu beschreiten.

▶ **Nachhaltig merken** Für die Umwelt ist es am besten, wenn durch **Refuse** auf den Einsatz von (endlichen) Rohstoffen und/oder die Freisetzung schädlicher Emissionen ganz verzichtet wird.

Reduce

Reduce ist ein weiterer grundlegender Aspekt nachhaltiger Unternehmensführung. Hier wird die **Verminderung des Ressourcenverbrauchs** und die **Vermeidung von Abfall** angestrebt, der mit den unternehmerischen Aktivitäten verbunden ist. Hierbei können folgende Schritte eingeleitet werden:

- Optimierung von Prozessen entlang der **Lieferkette**, um den Einsatz von Ressourcen zur Gewinnung und zum Transport von Rohstoffen, Teilen und Anlagen zu reduzieren (bspw. durch leichtere, nachhaltig erzeugte und/oder wiederverwendbare Transportverpackungen). Hierzu können auch eine KI-basierte Routenoptimierung sowie die Einbindung lokaler Zulieferer beitragen, um Transportwege zu verkürzen.

- Optimierung von Prozessen entlang der **eigenen Wertschöpfungskette**, um den Ressourceneinsatz zu reduzieren (u. a. von Rohstoffen sowie von Energie, Wasser, Luft). Relevante Schritte sind hier die Steigerung der **Energieeffizienz** bzw. übergreifend die Steigerung der **Gesamtanlageneffektivität** (Overall Equipment Effectiveness).
- Optimierung von Prozessen entlang der **gesamten Wertschöpfungskette**, um die Erzeugung von Abfällen aller Art zu reduzieren (u. a. papierloses Büro, Reduzierung des Verpackungsmaterials, Einsatz von nachhaltig erzeugten und/ oder wiederverwendbaren Verpackungen).

▶ **Nachhaltig merken** Nach dem Verzicht auf einen Rohstoffeinsatz ist **Reduce** die zweitbeste Lösung, um den Verbrauch von Ressourcen und die Erzeugung schädlicher Emissionen zu verringern.

Rethink

Auch Rethink gehört zur nachhaltigen Unternehmensführung. Rethink – zu verstehen als „neu vorstellen" oder „neu denken" – fokussiert die Neugestaltung oder Überarbeitung von Produkten, Dienstleistungen und Prozessen. Hierbei geht es nicht darum, die vorhandenen Lösungen lediglich etwas nachhaltiger zu gestalten, sondern ein Rethink-Ansatz versucht, das Vorhandene ganz neu zu denken und die Lösung von Grund auf neu zu konzipieren. Bei Rethink kann an folgende Entwicklungen gedacht werden:

- Umweltfreundliche **Neugestaltung von Produkten und Dienstleistungen** (Plastikverpackungen werden durch kompostierbare Verpackungen ersetzt)
- Der Verkauf von Produkten wird durch **Leasing- oder Mietmodelle** ersetzt (Product-as-a-Service) – die Nutzer erwerben kein Eigentum mehr (i.S. einer rechtlichen Herrschaft über eine Sache), sondern nur noch Besitz (i.S. der tatsächlichen Herrschaft über eine Sache). Hier werden die Produkte am Ende ihrer Nutzungsdauer zurückgegeben, weiterverwendet, aufbereitet und/oder recycelt.
- Das umfassendste Beispiel für Rethink ist die **Neugestaltung ganzer Geschäftsmodelle**. Energieunternehmen stellen teilweise bereits ihre Geschäftstätigkeit von fossilen Brennstoffen auf erneuerbare Energien um. Andere Unternehmen ersetzen ihr bisheriges lineares Geschäftsmodell durch ein Kreislaufmodell.

In einem umfassenderen Sinne kann das Rethink auch die **Transformation der Unternehmenskultur** beinhalten, um Nachhaltigkeit zu einem zentralen Aspekt der Unternehmensidentität bzw. der Unternehmens-DNA zu machen. Dies könnte dazu führen, dass Unternehmen und deren Leistungsträger bei Entscheidungen konsequent und gleichberechtigt Umweltaspekte und soziale Faktoren neben ökonomischen Aspekten einbeziehen.

▶ **Nachhaltig merken** Bei **Rethink** geht es darum, Lösungen ganz neu zu denken – quasi aus der Rille der bisherigen Konzepte zu springen und Aufgaben ganz anders anzugehen. Dabei wird angestrebt, einen Rohstoffeinsatz ganz zu vermeiden oder zumindest deutlich zu verringern. Hierbei geht es nicht darum, 10 % besser zu werden, sondern 10-mal so gut. Die Mottos hierfür lauten: „Think big" und „Think different"!

Die bisher beschriebenen Maßnahmen gehören noch nicht zu Kern der Kreislaufwirtschaft. Sie sind dennoch für eine nachhaltige Unternehmensführung unverzichtbar. Bei der **Kreislaufwirtschaft** rücken die folgenden Handlungsfelder in den Mittelpunkt:

Redesign

Redesign ist ein Schlüsselkonzept der Kreislaufwirtschaft. Es bezieht sich auf den Prozess der Überarbeitung oder Neugestaltung von Produkten, Dienstleistungen, Prozessen oder sogar ganzen Geschäftsmodellen. Hierdurch sollen diese sozial und ökologisch nachhaltiger ausgestaltet werden. An dieser Stelle wird ein Bezug zum schon vorgestellten Rethink-Ansatz sichtbar. Ein Redesign fällt aber nicht so radikal und umfassend aus wie ein Rethink.

Eine Neuausrichtung der Unternehmensstrategie kann sich in verschiedenen Formen des Redesigns niederschlagen. Hierbei geht es um die Entwicklung von Lösungen, die Nachhaltigkeit schon in ihrer DNA tragen. Dies kann auf verschiedene Weise gelingen:

- Produkte und Dienstleistungen werden so gestaltet, dass sie in der Herstellung **weniger Ressourcen** verbrauchen, der Herstellungsprozess mit **weniger schädlichen Emissionen** verbunden ist und **weniger Abfall** erzeugt wird.
- Für die Herstellung werden (nur) **nachhaltig erzeugte Rohstoffe** verwendet (etwa Bio-Baumwolle, Holz aus nachhaltiger Forstwirtschaft, Einsatz von nachhaltigen Färbemethoden).

- Das Produktdesign wird auf eine **längere Lebensdauer** ausgerichtet (Verzicht auf eine eingebaute Veralterung, bspw. durch Akkus mit begrenzter Lebensdauer in Smartphones).
- Produkte und Dienstleistungen werden so gestaltet, dass sie in der Ge- und Verbrauchsphase **weniger Ressourcen** verbrauchen, die Nutzung mit **weniger schädlichen Emissionen** verbunden ist und **weniger Abfall** erzeugt wird.
- Das Produktdesign erleichtert **Reparatur** und **Aufbereitung**.
- Die verwendeten **Materialien und Komponenten** sind leichter **demontierbar** und **recycelbar**.
- In Anhängigkeit des Angebots können **Rücknahmesysteme** konzipiert werden, um die Produkte in den Kreislauf zurückzuführen.

Das Redesign erfordert die **Berücksichtigung des gesamten Lebenszyklus** eines Produkts oder einer Dienstleistung. Das Ziel besteht darin, in jeder Phase des Lebenszyklus den **ökologischen Fußabdruck** zu **minimieren**.

▶ **Nachhaltig merken** Beim **Redesign** werden vorhandene Produkte, Dienstleistungen, Prozesse und/oder Geschäftsmodelle so umgestaltet, dass sie weniger Ressourcen verbrauchen und weniger schädliche Emissionen freisetzen.

Reuse
Reuse bzw. Wieder-/Weiterverwendung ist ein zentraler Bestandteil der Kreislaufwirtschaft. Die Idee hierbei ist, die **Nutzungsphase von Produkten und Materialien** so weit wie möglich zu verlängern, bevor sie recycelt oder entsorgt werden. Entsprechende Angebote werden mit „gebraucht", „Second Hand", „pre-used" oder „pre-owned" ausgezeichnet. Durch die Wiederverwendung von Produkten und Materialien wird der Verbrauch von Ressourcen reduziert und die Abfallmengen, die auf Deponien landen, werden verringert. Reuse kann auf verschiedene Weise gelingen:

- **Wiederverwendung des gesamten Produkts** (etwa einer Glasflasche, die als Mehrwegflasche immer wieder neu befüllt wird; Bücher, Kleider, Möbel, Fahrräder, Autos werden neuen Nutzern zugeführt, wenn die bisherigen Nutzer das Interesse daran verloren haben)
- **Erneuter Einsatz von Produktkomponenten** (bspw. von elektronischen Geräten oder von Autos).

Um den Prozess der Wiederwendung zu ermöglichen, haben sich **Second-Hand-Läden** und **Plattformen für den Weiterverkauf von gebrauchten Produkten** etabliert. Hier ist u. a. an die folgenden Anbieter zu denken (vgl. auch Abschn. 5.1):

- Amazon Marketplace
- Apple Trade-in-Programm
- eBay
- IKEA Zweite Chance
- Rebuy
- Zalando Pre-owned

Diese Praktiken tragen dazu bei, den Verbrauch von Primärressourcen zu reduzieren und die Nutzungsdauer von Produkten zu verlängern. Außerdem fallen keine Abfälle an. Bei Reuse bleibt der Wert des ursprünglichen Produktes bzw. ausgewählter Komponenten auf hohem Niveau erhalten.

▶ **Nachhaltig merken Reuse** ist eine perfekte Möglichkeit, Ressourcen einzusparen, wenn bereits hergestellte Produkte weiter genutzt werden. Hierbei ist allerdings kritisch zu prüfen, ob deren Emissionen bei Gebrauch höher sind als bei neuen Produkten (so etwa bei Autos und Flugzeugen). Dann ist bei der Abwägung zu berücksichtigen, dass bei der Fertigung neuer Produkte zusätzliche Rohstoffe benötigt würden.

Repair
Produkte scheiden häufig aus dem Nutzungskreislauf aus, weil sie nicht mehr funktionieren. Eine Reparatur könnte hier oft Abhilfe schaffen. Deshalb unterstützt Repair das Ziel, den **Lebenszyklus von Produkten zu verlängern** und **Abfall zu vermeiden**. Anstatt defekte oder alternde Produkte zu ersetzen, wird deren Funktionalität durch **Wartung** und **Instandsetzung** erhalten oder wiederhergestellt. Durch Reparatur werden Primärressourcen geschont und Abfälle vermieden. Um dies zu erreichen, werden verschiedene Lösungen eingesetzt:

- Inzwischen finden sich immer mehr **Reparaturwerkstätten**, die entsprechende Unterstützung bieten (für Haushaltselektronik, aber auch für Schuhe und Bekleidung). Teilweise werden diese auch von Herstellern selbst initiiert und/oder betrieben.

- Einige Unternehmen stellen **Anleitungen zur Selbstreparatur** zur Verfügung oder bieten **Reparaturservices** für ihre Produkte an (so etwa *Patagonia*, ein Hersteller von Outdoor-Bekleidung).
- Eine spezielle Lösung sind sogenannte *Repair-Cafés*. Hierbei handelt es sich um organisierte Treffen, bei denen Teilnehmer allein oder gemeinsam Produkte reparieren. Hierfür werden Werkzeug und Material gestellt. Erfahrene ehrenamtliche Helfer unterstützen dabei (vgl. Repair-Café 2023).

Allerdings sind die Reparaturen heute häufig noch aufwändig – und manches Mal sogar teurer als ein neues Produkt. Vielfach wird eine Reparatur vom Hersteller auch nicht gewünscht und deshalb erschwert. Dies wird bspw. durch eingeklebte Komponenten bei Smartphones sichtbar, die sich bei einem Defekt nicht einfach ersetzen lassen. Die Produkte sind vom Hersteller „reparaturfeindlich" konzipiert, um den Neukauf zu stimulieren. Das ist das Gegenteil eines nachhaltigen Produktdesigns.

Ein wichtiges Anliegen der Kreislaufwirtschaft ist es, die Nutzungsdauer von Produkten durch Reparaturen zu verlängern. Schließlich werden für eine Reparatur deutlich weniger Primärressourcen benötigt als für die Fertigung eines neuen Produktes. Deshalb wird – allerdings schon seit Jahren – ein **Recht auf Reparatur** eingefordert, um die Wegwerfgesellschaft etwas einzuhegen.

▶ **Nachhaltig merken** Durch **Repair** können Ressourcen eingespart werden, weil der Nutzungszyklus von Produkten verlängert wird. Auch hierbei sind u. U. höhere Emissionen reparierter Produkte beim Gebrauch bei der Abwägung zwischen Reparatur und Neufertigung zu berücksichtigen (bspw. bei Heizungsanlagen oder Automobilen).

Refurbishing
Refurbishing bedeutet Aufbereitung, Renovieren, Überholen, Überarbeiten. Es bezeichnet eine qualitätsgesicherte **Wiederherstellung** und **Verbesserung von gebrauchten oder beschädigten Produkten**, um sie einer weiteren Nutzungsphase zuzuführen. Im Gegensatz zur einfachen Reparatur, bei der nur defekte Teile ersetzt werden, kann die Aufbereitung auch das Upgrade von Teilen und eine gründliche Reinigung umfassen. Durch die Aufbereitung von Produkten bleibt der Wert der vorhandenen Produkte in hohem Maße erhalten. Auch hierdurch wird der Bedarf an Primärrohstoffen reduziert und Abfall vermieden. Hersteller und Händler bieten „refurbished" bzw. aufbereitete Produkte bspw. in den folgenden Kategorien an:

- Anlagen und Maschinen
- Gebrauchtwagen
- Möbel
- Runderneuerte Reifen

▶ **Nachhaltig merken** Beim **Refurbishing** können ebenfalls wichtige Ressourcen eingespart werden, weil die Nutzungsphase von Produkten verlängert wird. Bei der Entscheidung über ein Refurbishing sind ebenfalls mögliche höhere Emissionen im Gebrauch bei der Abwägung zwischen Aufarbeitung und Neufertigung zu berücksichtigen.

Refabrication bzw. Remanufacturing
Bei Refabrication bzw. Remanufacturing werden gebrauchte Produkte, Maschinen und ganze Anlagen in einen Zustand versetzt, der dem eines Neuaggregats entspricht. Der Prozess geht über einfache Reparatur- oder Refurbishing-Arbeiten hinaus. Hier kann es im **Prozess der Überholung** zu einer vollständigen Demontage eines Produkts oder eine Anlage kommen. In diesem Zuge können Teile erneuert oder ausgetauscht werden. Auch hierdurch werden Primärrohstoffe eingespart und Abfall wird vermieden, weil der Nutzungszyklus verlängert wird. Ein solches Remanufacturing wird bspw. hier eingesetzt:

- Anlagen (bspw. Fertigungsstraßen, Druckmaschinen)
- Computer
- Druckerpatronen
- Eisenbahnwagen (eingesetzt bspw. bei *Flixtrain*)
- Getriebe und ganze Motoren
- Maschinen
- Medizinische Geräte (CT-/MRT-Geräte)
- Pumpen
- Roboter

▶ **Nachhaltig merken** Durch **Remanufacturing** bzw. **Refabrication** wird der Nutzungszyklus von Produkten verlängert. Hierbei werden die Erzeugnisse auf den aktuellen Stand der Technik gebracht, wodurch auch mögliche Emissionen im Gebrauch reduziert werden können.

Repurpose
Repurpose bedeutet **Umnutzung von Produkten oder Materialien** und beschreibt einen Prozess, bei dem vorhandene Produkte, Materialien oder auch Gebäude einem neuen Verwendungszweck zugeführt werden. Die Alternative wäre

3.2 Die 10-R-Regeln der nachhaltigen Unternehmensführung

Abfall oder Abbruch. Repurpose stellt folglich eine Alternative zur Wiederverwendung (Reuse) dar, bei der Produkte für denselben Zweck weiterverwendet werden. Repurpose ist auch eine Alternative zum Recycling, bei dem Materialien in ihre Bestandteile zerlegt werden. Dagegen ermöglicht die Umnutzung den Produkten, Materialien oder Gebäuden eine **zweite Lebensphase in einem neuen Kontext**. Durch Umnutzung wird auch hier die Lebensdauer von Produkten und Materialien verlängert. Bei der Umnutzung ist an folgende Beispiele zu denken:

- Verwendung von alten **Industrie- und Gewerbegebäuden** (bspw. Kaufhäusern) für neue Zwecke, wie Wohnungen, Büros oder kulturelle Einrichtungen
- Umwandlung von **ausgemusterten Schiffen** in künstliche Riffe, die marinen Lebensraum bieten
- Einsatz von **Glasflaschen** als Vasen, **Holzkisten** als Regale und **Konservendosen** als Blumentöpfe – der Kreativität sind hier keine Grenzen gesetzt

▶ **Nachhaltig merken** Durch **Repurpose** werden Objekte einer neuen Verwendung zugeführt, wobei diese Objekte – zumindest in großen Teilen – erhalten bleiben.

Recycle
Recycling ist das wohl am weitesten verbreitete Konzept der Kreislaufwirtschaft. Es spielt eine wichtige Rolle bei der Schonung von Primärressourcen und der Vermeidung von Abfall. Hierbei ist zwischen Upcycling und Downcycling zu unterschieden, die beide auf die Nutzung von Materialien abzielen, die sonst zum Abfall geworden wären.

Beim **Upcycling** werden Abfallstoffe oder unbrauchbare Produkte in neuwertige Materialien oder Gegenstände mit höherer Qualität und/oder einem höheren Wert umgewandelt. Hier ein paar ausgewählte Beispiele:

- Verwendung von alter Holzpaletten zum Bau von neuen Möbelstücken
- Produktion von Handtaschen aus alten LKW-Planen
- Herstellung von Schmuck aus altem Besteck und alten Münzen
- Fertigung von Teddybären aus Stoffresten sowie von Flip-Flops aus Autoreifen

In Abb. 3.2 ist rechts die Pinguin-Skulptur *Mother Penguin and Chick* des Expeditionsschiffes *Hanseatic Spirit* zu sehen. Sie wurde aus Stahl und recycelten Flip-Flops von der Künstlerkooperative *Ocean Sole* in Kenia kreiert. Die Flip-Flops wurden an den Küsten Kenias gesammelt und zu diesem beeindruckenden

Abb. 3.2 Beispiele für Upcycling. (Fotos des Autors)

Kunstwerk verarbeitet, das auf kreative Weise auf das Problem des Meeresplastiks hinweist.

Es gibt auch Upcycling-Methoden, die das Originalprodukt unverändert lassen und ihm einfach eine neue Funktion zuweisen. Ganze Autoreifen verwandeln sich in Schaukeln oder andere Spielgeräte, wie es Abb. 3.2 auf einem Spielplatz in Grönland zeigt. Auf Gokart-Strecken dienen Autoreifen als stoßdämpfende Begrenzungen der Fahrbahn.

▶ **Nachhaltig merken** Durch **Upcycling** wird Material, das ansonsten entsorgt würde, in einer höherwertigen Variante weiterverwendet.

Downcycling bezieht sich auf den Prozess, bei dem Objekte in andere Materialien zerlegt oder in Produkte von geringerer Qualität umgewandelt werden. Das recycelte Material ist in diesem Fall von minderer Qualität und Funktionalität als das Originalmaterial. Dies ist etwa beim Downcycling von Papier oder Kunststoff der Fall. Oftmals sind die daraus resultierenden Ressourcen nur für die Produktion von minderwertigeren Produkten geeignet. Hierfür gibt es die folgenden Beispiele:

- **Recyceltes Plastik** wird für die Herstellung von Plastiktüten, Blumentöpfen, Parkbänken oder Zäunen verwendet.
- **Stoffreste** werden zu Putzlappen oder als Füllmaterial für Matratzen und Sitzmöbel genutzt.
- **Altreifen** werden zu Gummigranulat verarbeitet, um daraus Straßenbeläge, Dämmstoffe oder Gummimatten herzustellen.

3.2 Die 10-R-Regeln der nachhaltigen Unternehmensführung

- **Verunreinigtes Glas** – Glas ist theoretisch unendlich oft recycelbar – es wird als Füllmaterial, für Isolierungen oder als Baustoff eingesetzt.
- **Mehrmals recyceltes Papier** kann nur noch zu Toilettenpapier, Eierkartons oder Zeitungspapier verarbeitet werden.

▶ **Nachhaltig merken** Durch **Downcycling** wird Material, das ansonsten entsorgt würde, einer niederwertigen weiteren Nutzung zugeführt.

Es gibt jedoch auch **Recycling**-Verfahren, die in der Lage sind, vollwertige **Sekundärrohstoffe ohne Qualitätsverluste** zu gewinnen. Ein Beispiel dafür ist die Rückgewinnung von Gold oder seltenen Erden aus alten Mobiltelefonen oder Computern. Hierzu trägt auch das sogenannte **chemische Recycling** bei. Hier werden die Abfälle – vor allem Kunststoffe – durch chemische Prozesse in ihre molekularen Bestandteile zerlegt. Diese können zur Herstellung neuer Kunststoffe oder von anderen chemischen Produkten verwendet werden. Im Gegensatz zum **mechanischen Recycling**, das oft auf physische Verfahren wie Zerkleinern und Schmelzen angewiesen ist, ermöglicht das chemische Recycling eine tiefgreifendere Umwandlung von Abfällen. Das chemische Recycling kann auch Kunststoffe recyceln, die mechanisch nicht recycelt werden können. Dazu gehören gemischte oder verschmutzte Kunststoffe. Während mechanisches Recycling oft zu einer Verschlechterung der Kunststoffqualität führt (Stichwort Downcycling), kann chemisches Recycling Kunststoffe hervorbringen, die so gut wie neu sind. Das bedeutet, dass chemisch recycelte Kunststoffe in Anwendungen eingesetzt werden können, die normalerweise neue, sogenannte „**virgin**" **Kunststoffe** erfordern würden (vgl. Freytag 2023, S. 22).

Das **chemische Recycling** kann in besonderem Maße dazu beitragen, die Abhängigkeit von fossilen Rohstoffen zur Kunststoffherstellung zu reduzieren. Da chemisch recycelte Kunststoffe aus Abfällen und nicht aus Öl oder Gas hergestellt werden, kann ihre Produktion dazu beitragen, den Kohlenstoff-Fußabdruck der Kunststoffindustrie zu verringern. Allerdings ist das chemische Recycling technisch anspruchsvoll und heute noch sehr teuer. Daher wird es oft als Ergänzung zu anderen Formen der Abfallverwertung betrachtet und – bislang – nicht als deren Ersatz.

▶ **Nachhaltig merken** Im Kontext der Kreislaufwirtschaft ist das **Recycling** gewöhnlich die letzte Alternative, weil das Ursprungsprodukt im Rahmen des Recyclingprozesses oft zerstört wird. Dennoch trägt Recycling entscheidend dazu bei, Sekundärrohstoffe und wiederverwendbare Teile zu gewinnen. Dadurch wird der Verbrauch von Primärrohstoffen bei der Herstellung neuer Produkte verringert.

Bei der **Umsetzbarkeit der 10-R-Regeln** geht es um wichtige Fragen:

- Welche der **10-R-Regeln** lassen sich am schnellsten anwenden?
- Wo können die berühmten „**Low-hanging Fruits**" geerntet werden, die zu schnellen Verbesserungen führen können?
- Welche der zehn Regeln hätte im eigenen Unternehmen den **größten Effekt**, um das Unternehmen in Richtung Nachhaltigkeit entscheidend voranzubringen?
- Welche **Ressourcen** (Budget, Personal, Technologien) sind hierfür erforderlich?
- Wer übernimmt bei der Initiierung und Umsetzung die **Verantwortung**?

▶ **Nachhaltig handeln** Jedes Unternehmen ist aufgerufen, die Umsatzbarkeit der 10-R-Regeln anhand dieser Fragen im eigenen Unternehmen zu prüfen.

3.3 Zentrale Handlungsfelder der Kreislaufwirtschaft

Wie die R-Regeln im **Prozess der Kreislaufwirtschaft** berücksichtigt werden können, zeigt Abb. 3.3.

Der Prozess der Kreislaufwirtschaft beginnt mit der **Designphase**, um Produkte und Dienstleistungen so zu konzipieren, dass Anforderungen an Nachhaltigkeit in einem umfassenden Sinne schon in der Entwicklungsphase berücksichtigt werden. Die Bandbreite reicht hier von der Art der erforderlichen Ressourcen über die Produktion bis hin zur Nutzungs- und Entsorgungsphase. Schon in der Designphase entscheidet sich, welche Ressourcen in der Produktion und im Gebrauch benötigt werden, wie lange ein Produkt „hält" und wie es entsorgt werden kann oder muss. Auch der Emissionsausstoß wird durch das Design beeinflusst. Ob ein Produkt später repariert oder umfassender aufbereitet werden kann, wird ebenfalls durch das Design bestimmt. Durch ein Rethink können in der Designphase auch ganz neue Wege beschritten werden, die über ein klassisches Redesign weit hinausgehen.

In der **Produktionsphase** ist auf eine Vermeidung bzw. eine Reduktion des Ressourcenverbrauchs hinzuarbeiten. Dies gelingt durch effizientere Fertigungsprozesse sowie durch den Einsatz von erneuerbaren Ressourcen oder durch die Nutzung von Sekundärrohstoffen aus dem Recycling. Außerdem ist darauf zu achten, dass schädliche Emissionen in Wasser, Luft und Boden möglichst reduziert oder ganz vermieden werden.

In der **Vertriebsphase** ist sicherzustellen, dass die eingebundenen Logistikprozesse ebenfalls nachhaltig ausgestaltet werden. Hier können bspw. E-Fahrzeuge zur Distribution eingesetzt werden (wie bspw. bei der *Deutschen Post/DHL*). Hier

3.3 Zentrale Handlungsfelder der Kreislaufwirtschaft

Abb. 3.3 Konzept der Kreislaufwirtschaft – Circular Economy

ist auch zu prüfen, in welchem Umfang Transportverpackungen umweltfreundlich(er) gestaltet oder auf Mehrfachnutzung ausgerichtet werden können. Eine optimierte Routenplanung und die Vermeidung von Leerfahrten von Logistikfahrzeugen tragen ebenfalls zur Vermeidung von Ressourcenverbrauch und Emissionen bei.

Für die **Ge-/Verbrauchsphase** ist es ebenfalls entscheidend, wie Produkte und Dienstleistungen designt wurden. Welcher Ressourcenverbrauch ist mit der Nutzung verbunden? Hier ist bspw. an LKWs und PKWs, aber auch an Elektronikprodukte wie Smartphones, TV-Geräte und Lampen zu denken. Welche Emissionen sind mit der Nutzung von Produkten bzw. mit der Inanspruchnahme von Dienstleistungen verbunden? Hier stellt sich bspw. die Frage, warum in vielen Hotelzimmern nach der Reinigung das Licht angelassen wird – oder die Seifen im Badezimmer täglich gewechselt werden. Ein spannendes Thema sind auch die in vielen Hotels vorhandenen Minibars, die 24/7 gekühlt werden müssen, obwohl häufig – wegen der hohen Preise – nur selten darauf zugegriffen wird.

In der **Ge- und Verbrauchsphase** ist es auch entscheidend, wie lange die Produkte der Nutzung standhalten. Können Gebrauchsgüter – ggf. bei verschiedenen Nutzergruppen – möglichst lange eingesetzt werden? Lassen sich Produkte einfach und kostengünstig reparieren? Stehen Ersatzteile zur Verfügung – oder werden diese von den Herstellern nicht mehr angeboten? Können Produkte mehr oder weniger umfassend aufbereitet werden? Hier wird die Verbindung zur Designphase deutlich – schließlich wird beim Design genau über diese Punkte entschieden.

Am Ende des Ge- und Verbrauchs stellt sich bei Produkten die Frage, ob sich eine **Sammlungs- und Verarbeitungsphase** anschließen kann. Auch darüber entscheidet in hohem Maße das Design. Lassen sich Produkte einfach in ihre Bestandteile zerlegen? Oder kann das ganze Produkte nur geschreddert, verbrannt oder deponiert werden? Werden Mischkunststoffe, Verbundstoffe oder Kunststoffe mit Additiven eingesetzt, dann lassen sich diese nicht oder nur sehr aufwändig recyceln. Für die Sammlungs- und Verarbeitungsphase sind neben einer Infrastruktur zum Sammeln der Abfälle auch entsprechende Anlagen für die verschiedenen Formen des Recyclings notwendig. Flankierend dazu bedarf es spezialisierter Märkte, um die zurückgewonnenen Produkte bzw. Produktbestandteile sowie die Sekundärrohstoffe wieder dem Wirtschaftskreislauf zuzuführen.

3.4 Cradle to Cradle Certified° Produktstandard

Wie Unternehmen heute Produkte entwerfen und herstellen, welche Technologien genutzt und wie Ge- und Verbrauch, aber auch die Entsorgung ausgestaltet werden, hat eine direkte Auswirkungen auf die Welt, in der wir morgen leben werden. Um den **Übergang zu einer Kreislaufwirtschaft** voranzutreiben, hat das *Cradle to Cradle Products Innovation Institute* einen **globalen Standard für Materialien, Produkte und Systeme** definiert, dessen Berücksichtigung sich positiv auf Menschen und Umwelt auswirkt.

Der *Cradle to Cradle Certified®* **Produktstandard** bietet den Rahmen zur Bewertung der Sicherheit, Kreislauffähigkeit und Verantwortung von Materialien und Produkten in **fünf Kategorien der Nachhaltigkeitsleistung** (vgl. Cradle to Cradle Products Innovation Institute 2023):

- **Materialgesundheit**
  Hier wird bewertet, ob die in einem Produkt verwendeten Chemikalien und Materialien so ausgewählt werden, dass sie den Schutz der menschlichen Gesundheit und der Umwelt priorisieren. Wenn auf die Materialgesundheit geachtet wird, ergeben sich positive Auswirkungen auf die Qualität der Materialien – auch für eine zukünftige weitere Verwendung.
- **Produktkreislauf**
  Es wird untersucht, ob Produkte gezielt für ihre nächste Verwendung entworfen werden und aktiv in den vorgesehenen Kreisläufen zirkulieren können.

3.4 Cradle to Cradle Certified® Produktstandard

- **Saubere Luft und Klimaschutz**
  Die Analyse widmet sich hier u. a. der Frage, ob bei der Produktfertigung negative Auswirkungen auf die Luftqualität vermieden werden und erneuerbare Energie eingesetzt werden.
- **Wasser- und Bodenschutz**
  Hier wird geprüft, ob Wasser und Boden als wertvolle gemeinsame Ressourcen betrachtet werden. Wassereinzugsgebiete und Boden-Ökosysteme müssen bei der Fertigung geschützt werden, damit sauberes Wasser und gesunde Böden den Menschen und allen anderen Organismen auch weiterhin zur Verfügung stehen.
- **Soziale Fairness**
  Bei diesem Punkt wird analysiert, ob Unternehmen sich dazu verpflichten, Menschenrechte zu wahren und faire sowie gerechte Geschäftspraktiken anzuwenden.

Die detaillierten Anforderungen dieser fünf Kategorien der Nachhaltigkeitsleistung sind im Dokument *Cradle to Cradle Certified®* **Version 4.0 Product Standard** beschrieben. Dieser Standard eignet sich für Unternehmen jeder Größe. Er wird heute schon weltweit von zukunftsorientierten Designern, Marken, Einzelhändlern und Herstellern verwendet, um sichere, kreislauforientierte und gerechte Materialien und Produkte zu schaffen.

Das *Cradle to Cradle Certified®*-**Konzept** kann entlang der gesamten Wertschöpfungskette verwendet werden. Hierdurch kann sichergestellt werden, dass Materialien und Produkte gemäß den weltweit fortschrittlichsten wissenschaftsbasierten Maßstäben für Materialgesundheit, Produktkreislauf, erneuerbare Energie und Klima, Wasser- und Bodenbewirtschaftung sowie soziale Gerechtigkeit entwickelt und optimiert werden.

Der **Übergang von der Verpflichtung zur Handlung** gelingt durch den folgenden **fünfstufigen Pfad zur Kreislaufwirtschaft** (vgl. Cradle to Cradle Products Innovation Institute 2023):

- **Prioritäten für Maßnahmen setzen** in den fünf Schwerpunktbereichen der Nachhaltigkeit: Materialgesundheit, Produktkreislauf, saubere Luft und Klimaschutz, Wasser- und Bodenpflege sowie soziale Fairness
- **Fahrpläne für Veränderungen entwickeln** – von Produktinnovationen bis hin zu komplett neuen Betriebsabläufen
- **Transformation initiieren** – bei Geschäftsmodellen, Systemen und der Zusammenarbeit entlang der kompletten Wertschöpfungskette
- **Nachhaltigkeitsleistung verifizieren** und **Fortschritte messen**
- **Vorantreiben der Transformation in der gesamten Branche** in Richtung einer sicheren, zirkulären und gerechten Zukunft

Um eine **Cradle-to-Cradle-Zertifizierung** zu erhalten, sind zunächst die folgenden Punkte zu beachten, die vom *Cradle to Cradle Products Innovation Institute* empfohlen werden:

- Fällt das Produkt in den **Geltungsbereich** der Zertifizierung oder ist es aufgrund seiner Art nicht zulässig?
- Enthält es **Chemikalien**, die das Institut selbst auf ihre Liste verbotener Stoffe gesetzt hat?
- Ist das eigene **Unternehmen** bereit, sich kontinuierlich zu verbessern und das **Produkt** zu optimieren?
- Verkauft das eigene Unternehmen bereits eine **Eigenmarkenversion** eines aktuell C2C-zertifizierten Produkts? Wenn ja, kann man möglicherweise eine Zertifizierung für Eigenmarken erhalten, ohne den Zertifizierungsprozess von Grund auf neu zu durchlaufen.

Wenn das Produkt für eine Zertifizierung zugelassen ist und das Unternehmen den fortlaufenden Anforderungen von C2C nachkommen möchte, ist das Interesse an der Cradle-to-Cradle-Zertifizierung offiziell anzumelden. Die **Bewertung** selbst erfolgt durch eine **akkreditierte Drittanbieter-C2C-Prüfstelle**. Nur das *Cradle to Cradle Products Innovation Institute* kann die Zertifizierung erteilen. Allerdings können die definierten Standards auch als Bewertungsbogen verwendet werden, um eigene Produkte selbst zu bewerten und Verbesserungsbereiche im eigenen Unternehmen und bei den eigenen Produkten zu ermitteln. Die aktuellen **Kosten für die Cradle-to-Cradle-Zertifizierung** betragen 3600 US-$ für eine neue Anwendung und zusätzlich 2000 US-$ für die erneute Zertifizierung alle zwei Jahre (vgl. Sofeast 2023).

Hierbei werden **fünf Zertifizierungsstufen** unterschieden: Basic, Bronze, Silber, Gold und Platin. Jede Stufe hat ihre eigenen Mindestkriterien. Produkte können C2C-zertifiziert sein und dennoch Verbesserungsbereiche aufweisen. Ein Produkt auf Bronze-Niveau kann immer noch der Umwelt schaden. Mit der Zertifizierung verpflichtet sich das Unternehmen jedoch, dies im Laufe der Zeit zu reduzieren, um so bei einer erneuten Zertifizierung das Silberlevel zu erreichen. Das Zertifizierungsverfahren fördert folglich nachhaltige Verbesserungen. Mit steigendem Niveau werden die Kriterien anspruchsvoller, und es wird erwartet, dass sich die Unternehmen und ihre Angebote im Laufe der Zeit durch kontinuierliche Verbesserung weiterentwickeln (vgl. Sofeast 2023).

▶ **Nachhaltig handeln** Das *Cradle to Cradle Certified*® liefert Ziel und Prozess gleichzeitig, um die unternehmerischen Aktivitäten auf den Pfad der Kreislaufwirtschaft zu führen.

3.5 Twin Transformation – Verzahnung von nachhaltiger und digitaler Transformation

Beim Einstieg in die Kreislaufwirtschaft und in die nachhaltige Unternehmensführung generell ist Folgendes zu berücksichtigen:

▶ **Nachhaltig merken** Die nachhaltige Transformation und die digitale Transformation sind stark miteinander verknüpft und können sich gegenseitig verstärken.

Deshalb wird hier von einer **Twin Transformation** gesprochen – einer unternehmensweiten Transformation, die gleichzeitig **Synergiepotenziale** erschließen und **strategische Wettbewerbsvorteile** sichern soll. Viele Unternehmen konzentrieren sich momentan primär auf die **Digitalisierung**. Allerdings steigt parallel auch der Druck zu mehr **Nachhaltigkeit**. Unternehmen stehen nun vor der Herausforderung, in einer digitalen Welt zu agieren, in der gleichzeitig auch immer mehr Wert auf Nachhaltigkeit gelegt wird. Vielfach werden diese beiden Herausforderungen in den Unternehmen noch getrennt voneinander angegangen. Dies kann auf unterschiedliche Startphasen, Inhalte und Fachgebiete zurückzuführen sein. Obwohl **Digitalisierungs- und Nachhaltigkeitsziele** zunächst widersprüchlich erscheinen könnten, birgt ihre Integration in Gestalt einer Twin Transformation großes Potenzial (vgl. EY 2023).

Digitale Initiativen sind mittlerweile ein fester Bestandteil in vielen Unternehmen. Gleichzeitig werden **Themen rund um die Nachhaltigkeit** immer relevanter. In beiden Bereichen müssen Geschäftsmodelle und Prozesse, aber auch Produkte und Dienstleistungen überdacht und an aktuelle Herausforderungen angepasst werden. Hierbei sollte ein nachhaltiges Wirtschaften über regulatorische Anforderungen hinausgehen, weil dies für die langfristige Wettbewerbsfähigkeit von Unternehmen immer wichtiger wird.

Unternehmen müssen die digitale Transformation und die Integration von Nachhaltigkeit in ihr Geschäftsmodell folglich parallel meistern. Die Ziele dieser beiden Transformationsprozesse mögen zunächst gegensätzlich erscheinen. Die

digitale Transformation konzentriert sich auf Wachstum, Profitabilität und zukünftige Erfolgspotenziale (vgl. vertiefend Kreutzer 2021). Die **nachhaltige Transformation** fokussiert – neben Profit – verstärkt auch die ökologischen und sozialen Aspekte der Unternehmensaktivitäten (vgl. zur Triple Bottom Line Abb. 1.2). Die Herausforderung für die Unternehmen lautet, durch die **Verzahnung beider Transformationsprozesse** wichtige Synergien zu erzielen.

Hierbei dient die **Digitalisierung als Enabler** für das Erreichen von Nachhaltigkeitszielen. Damit ist gemeint, dass digitale Technologien und Prozesse dazu beitragen können, ökologische und soziale Ziele effizienter und effektiver zu erreichen. So können durch eine digitale Datenerfassung und -analyse bspw. der Energieverbrauch sowie der Ressourcenverbrauch generell optimiert und Abfall reduziert werden. Außerdem ist eine umfassende Digitalisierung häufig die Voraussetzung dafür, Prozesse der Kreislaufwirtschaft umfassend zu überwachen. Zusätzlich kann die Digitalisierung die Entwicklung nachhaltigere Geschäftsmodelle fördern (vgl. Abb. 3.4).

Gleichzeitig kann die Transformation in Richtung von mehr Nachhaltigkeit einen (weiteren) Sinn für den digitalen Wandel bieten. Hier kann von einer **Sinnstiftung für die digitale Transformation** gesprochen werden (vgl. Abb. 3.4). Das Ziel eines umfassenden Einstiegs in die Kreislaufwirtschaft sowie das Anstreben einer nachhaltigen Unternehmensführung liefern dann die Begründung dafür, dass bestimmte Digitalisierungsprojekte vorangetrieben werden müssen. Das kann etwa den verstärkten Einsatz des Internet of Things sowie eine umfassende KI-Überwachung von Produktionsabläufen notwendig machen. Außerdem können digitale Systeme zur Erfassung von Nachhaltigkeitskennzahlen erforderlich werden.

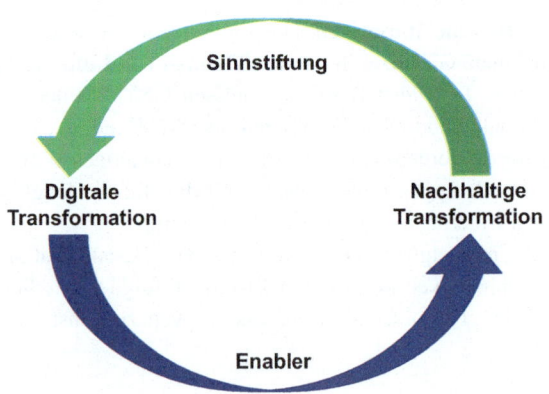

Abb. 3.4 Wechselseitige Verstärkung bei der Twin Transformation

3.5 Twin Transformation – Verzahnung von nachhaltiger ...

Die hier angesprochene Twin Transformation beschränkt sich folglich nicht auf IT oder Produktion, sondern betrifft **alle Unternehmensbereiche**. Schließlich haben Einkauf und Logistik, aber auch Forschung & Entwicklung, Marketing und Vertrieb einen erheblichen Einfluss nicht nur auf die Verfügbarkeit, sondern auch auf Qualität und Nachhaltigkeit von Produkten, Dienstleistungen und Prozessen. Digitale Technologien können dazu beitragen, die **Lieferkette** sowie die **Produktions- und Vertriebsschritte** sowie auch die **Ge- und Verbrauchsphase** – inkl. der dabei entstehenden Emissionen – umfassend datentechnisch zu durchdringen. Eine solche umfassende Datenerfassung ist ein wichtiger Schritt auf dem Weg zur Reduktion von Emissionen, aber auch zur nachhaltigeren Entwicklung von Angeboten.

Im Vertrieb ermöglichen digitale Technologien **innovative Angebots- und Servicekonzepte**. Hierbei ist an **Subskriptionsmodelle** zu denken, bei denen Kunden kein Eigentum an Anlagen oder Fahrzeugen erwerben, sondern lediglich Nutzungsrechte. Im Kundendienst können digitale Lösungen helfen, Zeit, Kosten und Emissionen durch vorausschauende Wartung bzw. **Predictive Maintenance** von Maschinen und Anlagen einzusparen (vgl. vertiefend Kreutzer 2021, S. 203–205, 255–258). Diese Technologien ermöglichen nicht nur die Vorhersage von Maschinenausfällen, sondern auch die Bestimmung optimaler Wartungsintervalle und die Bewertung alternativer Lösungen. Auch hierdurch können Ressourcen an vielen Stellen eingespart werden.

▶ **Nachhaltig merken** Die **Twin Transformation** führt die digitale und die nachhaltige Transformation zusammen, um Synergiepotenziale im gesamten Unternehmen und darüber hinaus auszuschöpfen.

Um diese Synergiepotenziale gezielt auszuschöpfen, ist eine **Reifegradanalyse für die Twin Transformation** einzusetzen. Diese definiert in acht Unternehmensbereichen die jeweils zu bearbeitenden Aufgaben. Um die **Ausgangssituation eines Unternehmens** für eine Twin Transformation zu ermitteln, sind fünf **Reifegrade** zu unterscheiden:

- **Nicht definiert**
  Es liegen keinerlei Vorarbeiten für eine Twin Transformation vor. Transformationsprojekte werden – wenn überhaupt – isoliert voneinander betrachtet.
- **Definiert, aber nicht implementiert**
  Konzeptionelle Überlegungen für eine Twin Transformation wurden bereits angestellt. Ziele wie auch Maßnahmen wurden erarbeitet, aber es wurde noch nichts umgesetzt.

- **Definiert, aber nur teilweise implementiert**
  Die Einleitung einer Twin Transformation ist angelaufen – erste Zwischenziele wurden bereits erreicht. Der Umsetzungsgrad liegt allerdings noch unter 50 %.
- **Definiert, überwiegend implementiert**
  Die Twin Transformation ist bereits weit fortgeschritten und wesentliche Ziele wurden erreicht. Der Umsetzungsgrad liegt bereits über 50 %, hat die 100 % aber noch nicht erreicht.
- **Vollumfänglich digitale und nachhaltig transformiert**
  Der definierte Zielzustand der Twin Transformation wurde vollständig erreicht. Die notwendigen Veränderungen sind bereits ganzheitlich in der Ablauf- und Aufbauorganisation des Unternehmens verankert. An der weiteren Transformation wird allerdings kontinuierlich weitergearbeitet – schließlich ist diese nie zu Ende.

▶ **Nachhaltig merken** Bei der Reifegradanalyse für die Twin Transformation werden fünf verschiedene Reifegrade unterschieden.

Das Zusammenspiel der acht Dimensionen und der fünf Reifegrade der **Reifegradanalyse für die Twin Transformation** zeigt Abb. 3.5.

Anhand der folgenden **acht Dimensionen** ist die **Reifegradanalyse für die Twin Transformation** eines Unternehmens zu strukturieren:

- **Purpose, Vision, Ziele und Strategien**
  Im Rahmen der Reifegradanalyse für die Twin Transformation wird zunächst überprüft, ob **Purpose** und **Vision** des Unternehmens sowohl die Aspekte der Digitalisierung als auch der Nachhaltigkeit berücksichtigen (vgl. weiterführend zu Purpose Illner 2021). Weiterhin ist festzustellen, ob für die Twin Transformation bereits spezifische **Ziele** und **Strategien** formuliert und in welchem Umfang diese bereits erreicht wurden.

  Ergänzend ist zu klären, ob eine **Transformation Roadmap** existiert, die konsequent mit dem **OKR-Konzept** (Objectives and Key Results) arbeitet. Das OKR-Konzept ist ein Management-Framework, das Unternehmen unterstützt, ihre Ziele klar zu definieren und zu messen. **Objectives** bezeichnen die häufig eher qualitativen Ziele eines Unternehmens. **Key Results** hingegen sind quantitative Ergebnisse, die anzeigen, ob ein Unternehmen auf dem Weg zur Zielerreichung erfolgreich ist. OKRs fördern Fokus, Ausrichtung und Transparenz in Unternehmen. Hierfür werden die OKRs in regelmäßigen Zyklen, oft vierteljährlich, überprüft und angepasst. Durch das OKR-Konzept gelingt es, das Aus-

3.5 Twin Transformation – Verzahnung von nachhaltiger …

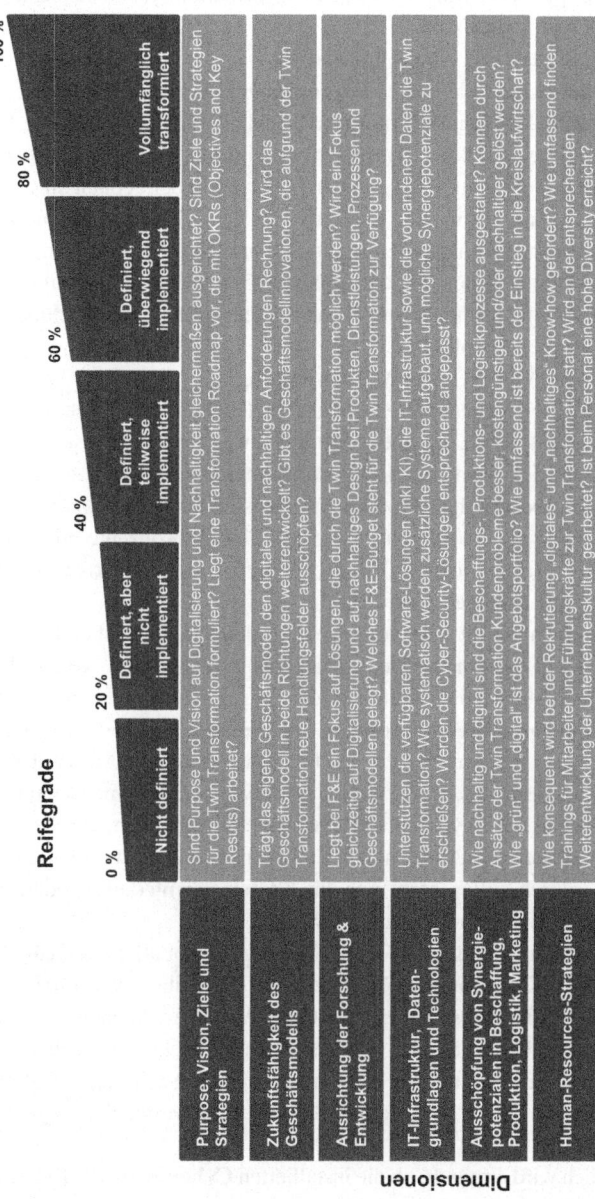

Abb. 3.5 Reifegrad-Analyse für die Twin Transformation

maß einer Implementierung der Twin Transformation systematisch zu verfolgen und deren Erfolg zu messen.

- **Zukunftsfähigkeit des Geschäftsmodells**
  Hier wird betrachtet, inwiefern das **bestehende Geschäftsmodell** bereits den Anforderungen der Digitalisierung und Nachhaltigkeit gerecht wird. Außerdem ist von Interesse, ob aktive **Weiterentwicklungen des Geschäftsmodells** in beide Richtungen bereits stattgefunden haben und/oder geplant sind.

  Zusätzlich wird untersucht, ob durch die Twin Transformation **Geschäftsmodellinnovationen** entstanden sind oder entwickelt werden können, die neue Handlungsfelder eröffnen und ausschöpfen. Gerade aus der Zusammenführung von digitalen und nachhaltigen Technologien können Unternehmen in neue Lösungsbereiche vorstoßen.

- **Ausrichtung der Forschung & Entwicklung**
  Innerhalb der Reifegradanalyse wird auch beleuchtet, ob im Bereich Forschung und Entwicklung (F&E) ein besonderer Schwerpunkt auf Lösungen liegt, die durch die Twin Transformation unterstützt werden. Es ist auch zu prüfen, ob ein **nachhaltiges Design** bei Produkten, Dienstleistungen, Prozessen und Geschäftsmodellen im Fokus steht, das durch digitale Konzepte unterstützt wird. Durch den Einsatz von digitalen Technologien kann es insgesamt gelingen, **nachhaltigere Lösungen** zu entwerfen.

  Darüber hinaus stellt sich die Frage nach den bereitgestellten **F&E-Budgets für die Twin Transformation**. Zusätzlich ist zu prüfen, welche **Personalressourcen** für die Transformationsprozesse zur Verfügung stehen.

- **IT-Infrastruktur, Datengrundlagen und Technologien**
  Hier wird analysiert, inwieweit die IT-Infrastruktur, die vorhandenen Daten sowie die eingesetzten Technologien die Twin Transformation unterstützen. Das Ziel besteht darin, vorhandene Prozesse zu optimieren, die Ressourcen effizienter zu nutzen und Abfall sowie Emissionen möglichst umfassend zu reduzieren. Hierdurch sollen nicht nur die **Kosten vermieden**, sondern auch der **ökologische Fußabdruck reduziert** werden.

  Zu den relevanten digitalen Technologien zählt vor allem die **Künstliche Intelligenz (KI)**. KI-Lösungen können bei der Erarbeitung von Prozessen unterstützen, die weniger Ressourcen benötigen. Außerdem können KI-gestützt Angebote entwickelt werden, die länger halten und leichter recycelt werden können. KI-basierte Prognosen können auch das Nachfrageverhalten besser einschätzen, um Über- und Fehlproduktionen zu vermeiden (vgl. vertiefend Kreutzer 2023c).

  Zusätzlich wird ermittelt, ob die installierten **Cyber-Security-Lösungen** einer Twin Transformation gerecht werden – heute und morgen. Die Notwendigkeit hierzu resultiert daraus, dass im Zuge der digitalen Transformation viele Maschinen, Anlagen und/oder ganze Unternehmen über das **Internet der Dinge** mit einer Vielzahl weiterer Bereiche verbunden werden. Eine solche Vernetzung ist für die Überwachung von Materialflüssen und Materialverbräuchen wichtig. Außerdem dient es der Sammlung und Analyse von Daten für effizientere Betriebsabläufe. Allerdings gehen mit dieser Vernetzung auch vielfältige Sicherheitsrisiken einher. Zum einen wachsen die „Einflugschneisen" für Schadprogramme und Attacken. Zum anderen werden Unternehmen insgesamt verletzbarer, weil informatorisch „alles mit allem" verbunden ist.

Bei der **Einbindung digitaler Technologien** ist allerdings auch zu prüfen, welche zusätzlichen negativen Auswirkungen diese Technologien selbst auf die Umwelt haben. Schließlich geht mit der Einbindung von immer leistungsstärkeren Rechenzentren sowie dem KI-Einsatz häufig ein hoher **Energieverbrauch** einher. Außerdem ist an die **Entsorgung der Elektronikgeräte** zu denken, die für die digitale Transformation erforderlich sind (Stichwort Elektroschrott).

- **Ausschöpfung von Synergiepotenzialen in Beschaffung, Produktion, Logistik und Marketing**
  Hier wird untersucht, wie nachhaltig und digital die Beschaffungs-, Produktions- und Logistikprozesse des Unternehmens gestaltet sind. Die digitale Transformation erleichtert die **Transparenz** und hierdurch auch die **Rückverfolgbarkeit in der Lieferkette**. Hierzu können Technologien wie Blockchain beitragen. Unternehmen können prüfen, ob die Zulieferer nachhaltige Praktiken einhalten, und so die Nachhaltigkeit ihrer eigenen Produkte erhöhen. Die **Nachverfolgbarkeit weiterer Produktions- und Logistikprozesse** wird ebenfalls angestrebt. Durch die Digitalisierung können auch die Anforderungen des Lieferkettensorgfaltspflichtengesetzes besser erfüllt werden (vgl. Lieferkettengesetz 2023).

  Außerdem sollen durch die Digitalisierung von Prozessen der **Energieverbrauch reduziert** und die **Energieeffizienz** insgesamt **verbessert** werden. Ein **intelligentes Energiemanagement** unterstützt den Übergang zu sauberen Energien durch digitale Netze und intelligente Gebäude. Durch den Einsatz von Robotern und weiteren digitalen Konzepten in der Produktion kann die **Gesamtanlageneffektivität (Overall Equipment Effectiveness)** gesteigert werden. Die **vorausschauende Wartung (Predictive Maintenance)** kann hierzu ebenfalls einen wichtigen Beitrag leisten.

  Durch **3D-Druck-Lösungen** können Unternehmen Produkte vor Ort und bei Bedarf produzieren. Hierdurch können eine ressourcenvernichtende Überproduktion und eine ressourcenzehrende Lagerhaltung verringert werden. Bei dieser Dimension ist ebenfalls der Status quo des eigenen Unternehmens bei diesen Ansätzen zu ermitteln, um mögliche Handlungsfelder abzuleiten. Es wird auch erfasst, ob durch Ansätze der Twin Transformation **Kundenprobleme** effizienter, kostengünstiger und/oder nachhaltiger gelöst werden können. Zusätzlich wird das **Angebotsportfolio** in den Fokus genommen, um zu beurteilen, inwieweit es sowohl „grün" als auch „digital" ausgerichtet ist.

Hier ist folglich umfassend zu prüfen, durch welche Lösungen der **Übergang zu einer Kreislaufwirtschaft** erleichtert werden kann. Hierzu können bspw. **digitale Plattformen** eingesetzt werden, um eine gemeinsame Ressourcennutzung, ein Refurbishing und eine Refabrication, aber auch eine Wieder- und Weiterverwendung von Produkten zu fördern. Schließlich können digitale Plattformen auch das Recycling von Produkten sowie die anschließende Vermarktung unterstützen.

- **Human-Resources-Strategien**
  In diesem Feld wird analysiert, wie konsequent bei der **Rekrutierung von Personal** bereits besonderer Wert auf „digitales" und „nachhaltiges" Know-how gelegt wird. Ebenfalls wird die Intensität von **Trainings für Mitarbeiter und Führungskräfte** in Bezug auf die Twin Transformation beleuchtet. Darüber hinaus ist von Interesse, ob und wie aktiv an der **Weiterentwicklung der Unternehmenskultur** im Kontext dieser doppelten Transformation gearbeitet wird. Schließlich wird auch die Frage betrachtet, ob beim Personal eine hohe **Diversität** in Bezug auf Geschlecht, Herkunft, Alter und andere Faktoren erreicht wurde bzw. angestrebt wird.
- **Organisationskonzepte**
  In der Reifegradanalyse wird an dieser Stelle untersucht, inwiefern die bestehende **Ablauf- und Aufbauorganisation** des Unternehmens die Twin Transformation unterstützt. Hierbei wird auch die Anwendung von Konzepten wie der **Innovation Engines** betrachtet, um zu evaluieren, ob solche Mechanismen zur systematischen Förderung von Innovationen genutzt werden (vgl. vertiefend Kreutzer 2021, S. 517–522).

  Zudem wird geprüft, ob das Unternehmen einen **Chief Sustainability Officer** eingestellt hat (vgl. Kreutzer 2023b). Hierbei ist auch zu prüfen, ob dieser mit den notwendigen **personellen und finanziellen Ressourcen** ausgestattet ist, um die Ziele der doppelten Transformation – ggf. im Zusammenspiel mit einem Chief Digital Officer – effektiv voranzutreiben.
- **Controlling als Enabler und Berater bei der Twin Transformation**
  Schließlich wird erörtert, ob das Controlling als Enabler und Berater für die Twin Transformation agiert. Darauf aufbauend wird geprüft, ob adäquate **KPIs für das Monitoring und Controlling** im Kontext dieser Transformation festgelegt sind.

Weiterhin wird erfasst, ob hierfür leistungsstarke Werkzeuge eingesetzt werden. Hier ist u. a. an Instrumente wie die **Balanced Scorecard** oder die **Ökobilanz** zu denken, um den Fortschritt und die Effektivität der Transformation zu bewerten (vgl. Kreutzer 2023a, S. 277–289). Das Controlling hat hier auch den Einsatz des schon angesprochenen **OKR-Konzepts** zu unterstützen.

Außerdem ist zu ermitteln, in welchem Umfang das Controlling bereits zu einem hohen Maß an **Transparenz** beigetragen hat, um eine belastbare **Berichterstattung** sicherzustellen. Gerade durch verschiedene digitale Technologien können Umwelt- und Sozialdaten leichter erfasst, analysiert und zu relevanten Aussagen verdichtet werden.

Eine solche **Reifegradanalyse für die Twin Transformation** ist am besten mit Unterstützung durch externe Spezialisten vorzunehmen, wenn die erforderliche Expertise noch nicht im eigenen Haus verfügbar ist. Bei der Bewertung des eigenen Leistungsstandes ist eine Orientierung an zentralen Benchmarks hilfreich, die vor allem auch außerhalb der eigenen Branche zu suchen sind – getreu dem Motto: von den Besten lernen!

▶ **Nachhaltig handeln** Der **Benchmark** bzw. der **Vergleichsmaßstab** für das eigene Unternehmen wird durch jene Organisationen gesetzt, die in den betreffenden Dimensionen bereits die herausragendsten Leistungen bei der Twin Transformation zeigen. Dabei sollte man sich nicht an Branchengrenzen orientieren. Schließlich können Denkanstöße – insb. für disruptive Veränderungen – aus ganz anderen Sektoren stammen.

▶ **Nachhaltig merken** Die Reifegradanalyse für die Twin Transformation hilft Unternehmen bei der Erfassung des Status quo. Gleichzeitig ist zu erarbeiten, welche Maßnahmen wo und wie umgesetzt werden können, um die Twin Transformation zielgerichtet auszugestalten.

Welche **Ergebnisse im Kontext einer Twin Transformation** schon erzielt werden konnten, zeigt eine repräsentative ***Bitkom*-Studie** (vgl. Bitkom 2023). Hierbei wurden 603 Unternehmen ab 20 Beschäftigten in Deutschland telefonisch befragt. Es wurden folgende Fragestellungen formuliert:

- „Ist der CO_2-Ausstoß Ihres Unternehmens durch Digitalisierungsmaßnahmen gestiegen oder gesunken?"
- „Inwieweit stimmen Sie den folgenden Aussagen in Bezug auf den Klimawandel und die Digitalisierung zu bzw. nicht zu … ?"

Mehr als drei Viertel der Unternehmen – konkret 77 % – konnten durch die **Implementierung digitaler Technologien und Anwendungen** einen **Rückgang ihrer CO_2-Emissionen** feststellen. Die erzielten Einsparungen unterscheiden sich nach Branche:

- In der **Industrie** konnten 86 % der Unternehmen einen solchen Effekt verzeichnen.
- Im **Handel** waren es 81 %.
- Bei **Dienstleistern** wurden solche Effekte von 71 % der Unternehmen festgestellt.

Folgende weitere Ergebnisse wurden ermittelt:

- **Nachhaltige Technologien** sind für 91 % der Unternehmen ein **Wettbewerbsfaktor**.
- 83 % wünschen sich weitere **Beratungsangebote zur Nutzung digitaler Technologien für mehr Nachhaltigkeit**.
- 40 % der Unternehmen haben bereits eine solche **Beratung in Anspruch genommen**.

Bitkom-Hauptgeschäftsführer *Dr. Bernhard Rohleder* betont die essenzielle **Rolle der Digitalisierung im Klimaschutz**:

„Ohne digitale Technologien kann die deutsche Wirtschaft ihre Klimaziele nicht erfüllen. Energieeffizienz, Klimaschutz und die Dekarbonisierung sind eng mit der Digitalisierung verbunden. Die konsequente Einbindung grüner Technologien in die Unternehmensprozesse, die Energieeinsparungen und den damit verbundenen Rückgang des CO_2-Ausstoßes bewirken, stellt einen bedeutenden Beitrag zum Klimaschutz dar." (Bitkom 2023)

▶ **Nachhaltig handeln** Schöpfen auch Sie die Potenziale aus, die eine Digitalisierung auf dem Weg zu einer nachhaltigen Unternehmensführung eröffnen.

3.6 Hürden einer Kreislaufwirtschaft

Der **Einstieg in die Kreislaufwirtschaft** ist allerdings **kein Selbstläufer**. Um hier erfolgreich zu sein, müssen verschiedene Hürden überwunden werden. Diese werden nachfolgend ausgeleuchtet. Eine der größten wirtschaftlichen Hürden beim

3.6 Hürden einer Kreislaufwirtschaft

Übergang zu einer Kreislaufwirtschaft für die Unternehmen selbst sind **kapitalintensive Umstellungsprozesse**. Schließlich bedarf es – gerade auch bei einer Twin Transformation – **erheblicher Investitionen** in neue Technologien, in die Infrastruktur, in Prozesse und in die verantwortlichen Leistungsträger. Solche Kosten sind vor allem auch mit dem **Lieferkettensorgfaltspflichtengesetz** verbunden. Gerade bei diesem Gesetz stellt sich die Frage, wie Lieferanten knapper Ressourcen dazu motiviert werden sollen, umfangreiche Informationspflichten gegenüber den Kunden erfüllen.

Um diese Hürden zu überwinden, können Unternehmen **staatliche Förderprogramme** oder **Subventionen** in Anspruch nehmen, die speziell zur Unterstützung von Kreislaufinitiativen geschaffen wurden. Darüber hinaus können die **Zusammenarbeit mit Stakeholdern in der gesamten Wertschöpfungskette** sowie das Teilen von Ressourcen und Anlagen die finanzielle Last verringern.

Traditionelle **lineare Geschäftsmodelle** bieten oftmals **kurzfristige finanzielle Vorteile**. Die Umstellung auf eine Kreislaufwirtschaft ist anfänglich oft weniger lohnend – allerdings nur dann, wenn allein der unmittelbare „Profit" betrachtet wird. Die zunehmende Knappheit relevanter Ressourcen und die damit verbundenen **Preissteigerungen** sowie **steigende Abgaben** – bspw. für CO_2-Verschmutzungsrechte – können diese Kostennachteile perspektivisch kompensieren. Das **Weiter- und Wiederverwerten von Materialien und Anlagen** sowie die **Reduzierung von Abfall** können zu abnehmenden Betriebskosten führen. Wichtig ist bei dieser Analyse, dass das in Abschn. 1.2 vorgestellte Triple-Bottom-Line-Konzept zur Bewertung herangezogen wird. Hierbei ist auch der potenzielle **Mehrwert der unternehmerischen Leistungen** für Kunden zu berücksichtigen, der durch ein nachhaltigeres Agieren entstehen kann. Außerdem können durch den **Verkauf von gebrauchten Anlagen** und/oder den Vertrieb von **Recycling-Materialien** zusätzliche Einnahmequelle erschlossen werden.

Eine wichtige Hürde können allerdings nach wie vor die **Kunden** selbst darstellen. Schließlich suchen die Kunden – oft noch – nach den günstigeren Produkten und Dienstleistungen, ohne sich viele Gedanken über die Nachhaltigkeit zu machen. Hier ist außerdem das **Attitude-Behavior-Gap** zu berücksichtigen. Von ihrer Einstellung („Attitude") her möchten die Kunden in vielen Ländern nachhaltig agieren – im tatsächlichen Kaufverhalten („Behavior") schlägt sich das allerdings nicht nieder (vgl. hierzu vertiefend Kreutzer 2023a, S. 34–39). Die hier festzustellende Lücke („Gap") kann in vielen Märkten den Anreiz für Unternehmen verringern, in nachhaltigere, aber teurere Produktionsmethoden und Angebote zu investieren. Dies ist besonders in Branchen der Fall, in denen der Preis einen zentralen Wettbewerbsfaktor darstellt.

Außerdem gilt: Nach wie vor sind sich viele Verbraucher der **Vorteile und Notwendigkeiten einer Kreislaufwirtschaft** nicht bewusst. Ohne ein tiefes Verständnis kann es an Anreizen für Verbraucher fehlen, kreislauffähige Produkte zu wählen oder recycelbare Abfälle korrekt zu entsorgen. Hier können **Bildungskampagnen** und **öffentliche Informationsveranstaltungen** dazu beitragen, das Bewusstsein und Verständnis für die Kreislaufwirtschaft zu schärfen. Medienpartnerschaften und Influencer können auch eingesetzt werden, um die „grüne Botschaft" einem breiteren Publikum zugänglich zu machen.

3.7 Circularity Gap Report

Die *Circularity Gap Reporting Initiative* ist ein Projekt, das sich darauf spezialisiert hat, die Kreislaufwirtschaft zu messen. Jährlich veröffentlicht diese Initiative einen **Bericht über den Zustand der Weltwirtschaft**. Gleichzeitig werden zentrale Maßnahmen für den Übergang zu einer globalen Kreislaufwirtschaft herausstellt. Zusätzlich bietet sie **Einblicke in die Kreislauflücken** spezifischer Länder und Branchen. Um die Qualität ihrer Analysen und Empfehlungen zu erhöhen, plant die Initiative die **Gründung einer globalen Datenallianz**, die den Fokus auf die positive Nutzung von Daten legt (vgl. CGRi 2023).

Basierend auf dem *Circularity Gap Report 2023* ist die globale Wirtschaft aktuell nur zu 7,2 % zirkulär ausgestaltet. Die erste Ausgabe des Berichts im Jahr 2018 ergab eine Zirkularität von 9,1 %. Dieser Wert fiel 2020 auf 8,6 % und liegt jetzt bei den erwähnten 7,2 %. Die jährliche Verschlechterung ist auf die weiterhin steigende Ressourcengewinnung und Ressourcennutzung zurückzuführen. In den sechs Jahren, in denen der *Circularity Gap Report* veröffentlicht wurde, wurden mehr Materialien gewonnen und verwendet als im gesamten 20. Jahrhundert. Dies hat den Lebensstandard der Menschen verbessert, aber gleichzeitig wurden die ökologischen Grenzen des Planeten konsequent überschritten (vgl. zum Earth Overshoot Day Abb. 1.1).

In dem Report wird festgestellt, dass eine **zirkuläre Wirtschaft** nicht nur die Überschreitung planetarer Grenzen umkehren, sondern auch den globalen Bedarf an Materialgewinnung um etwa ein Drittel reduzieren könnte. Insgesamt wurden durch die Recherchen **16 zirkuläre Lösungen** identifiziert, die eine Verringerung der Materialgewinnung und eine bessere und längere Nutzung vorhandener Materialien ermöglichen, den Übergang zu erneuerbaren Energien fördern und regenerative Materialien verwenden. Ein besonderer **Schwerpunkt der zirkulären Lösungen** sollte auf den folgenden vier Handlungsfeldern liegen (vgl. CGRi 2023, S. 32–39):

3.7 Circularity Gap Report

Handlungsfeld 1: Zirkuläre Lösungen für den Bereich Nahrungsmittel
Die besonderen Eigenschaften des globalen Nahrungsmittelhandels und die fundamentale Bedeutung von Nahrung als Grundbedürfnis des Menschen erfordern einen systemischen Ansatz zur **nachhaltigen Produktion** und zum **nachhaltigen Konsum von Nahrungsmitteln** für einen Planeten mit inzwischen acht Mrd. Menschen. Eine zirkuläre Lebensmittelproduktion wäre ohne Einbußen bei den Ernteerträgen möglich, sofern auf geschlossene Nährstoffkreisläufe gesetzt, die Wasser-Nährstoff-Verwaltung verbessert und eine Symbiose innerhalb und zwischen regenerativen Systemen etabliert würde.

Auch eine **Änderung des Nahrungsmittelkonsums** ist wichtig: Eine Verringerung umweltbelastender Lebensmittel, wie Fleisch, sowie eine übermäßige Kalorienaufnahme und die Reduzierung der Lebensmittelverschwendung sind essenziell, um innerhalb der planetaren Grenzen zu bleiben. Die Analyse zeigt, dass die Anwendung der folgenden vier zirkulären Lösungen dazu beitragen könnte, die globalen Überschreitungen der planetaren Grenzen zu beenden:

1. **Gesunde, sättigende Nahrungsmittel genießen Vorrang**
   Der durchschnittliche tägliche Kalorienbedarf liegt bei etwa 2600 Kilokalorien. Gesunde und sättigende Lebensmittel mit geringeren Umweltauswirkungen sollten bevorzugt werden – idealerweise durch die Verlagerung von Fleisch, Fisch und Milchprodukten hin zu Getreide, Obst, Gemüse und Nüssen.
2. **Lokale, saisonale und biologische Lebensmittelangebote bevorzugen**
   Die Produktion und der Verbrauch von lokalen, saisonalen und biologischen Produkten sollten bevorzugt werden, da dies den Bedarf an Düngemitteln, Heizstoffen sowie Transport reduzieren kann.
3. **Regenerative Landwirtschaft als Standard definieren**
   Die regenerative und zirkuläre Landwirtschaft sollte ausgebaut werden, um geschlossene Nährstoffkreisläufe zu fördern. Dieses Modell unterstützt gesunde Böden und hält das Land deutlich länger fruchtbar als herkömmliche Verfahren. Wenn Fleisch weiterhin Teil der Ernährung bleibt, sollte es nachhaltig produziert werden.
4. **Vermeidbare Verschwendung von Lebensmitteln beenden**
   Die Verschwendung von Lebensmitteln innerhalb der Lieferkette und auf Verbraucherebene sollte durch besseres Transport- und Lagerungsmanagement, mehr Kühlung, kluge Planung und Technologie auf Verbraucher- und Dienstleistungsebene vermieden werden.

Handlungsfeld 2: Zirkuläre Lösungen für den Baubereich
Die „gebaute Umwelt" ist essenziell für die Menschen. Die Art und Weise, wie bebaute Räume gestaltet werden, bestimmt den Materialbedarf und hat dadurch große Nachteile oder Vorteile für die Umwelt. Basierend auf den Grundsätzen des **zirkulären Designs** kann eine moderne und effiziente bauliche Umwelt geschaffen werden. Diese würde mit geringeren Auswirkungen auf die lebenswichtigen Systeme des Planeten einhergehen. Die folgenden vier zirkulären Lösungen bieten sich an:

5. **So energieeffizient wie möglich bauen**
   Bereits in der Entwurfsphase von Bauwerken sind zirkuläre Strategien zu nutzen, um material- und energieeffiziente Gebäude zu schaffen (Stichwort Passivhaus). Ein Passivhaus ist ein energieeffizientes Gebäudekonzept, das durch hohe Wärmedämmung, luftdichte Bauweise und Technologien zur Wärmerückgewinnung den Bedarf an aktiver Heizung und Kühlung auf ein Minimum reduziert. Es geht folglich insgesamt um die Einführung von sauberen Energielösungen, wie emissionsarmen Heiz- und Kühlmethoden durch Wärmepumpen.
6. **Bestehende Bauwerke optimal nutzen**
   Es gibt riesige Mengen an Materialien in bestehenden Gebäuden, die durch Wiederverwendung, Umnutzung und Renovierung mit Sekundärmaterialien zu erschließen sind. Städtebauliche Lösungen sollten zirkuläre Designprinzipien befolgen, sodass Gebäude in Zukunft wiederverwendet, umfunktioniert oder leicht demontiert werden können.
7. **Zirkuläre Materialien und Ansätze beim Bau priorisieren**
   Zirkuläre Ansätze können die Emissionen und Materialintensität von Gebäuden reduzieren. Es gilt, einen Übergang zu Holz, Massivholz und anderen lokal verfügbaren Materialien anstelle von Stahl und Beton zu schaffen. Modulares Bauen kann als Standard genutzt werden. Zusätzlich sind leichte Rahmen und Strukturen zu priorisieren, um den Einsatz von Zement und Stahl weiter zu reduzieren.
8. **Abfall von Gebäuden möglichst hochwertig wiederverwenden**
   Die hochwertige Wiederverwendung von Gebäuden und Komponenten sollte soweit möglich gesteigert werden. Vom Bau- und Abbruchabfall sollte – soweit nicht vermeidbar – möglichst viel recycelt werden, um den Bedarf an Primärmaterialien wie Sand und Kies zu reduzieren.

Handlungsfeld 3: Zirkuläre Lösungen für Industriegüter und Verbrauchsgüter
Der Produktionssektor bietet zahlreiche Möglichkeiten für zirkuläre Strategien. Extraktive und verarbeitende Industrien müssen auch in Zukunft weiter bestehen,

3.7 Circularity Gap Report

um den kollektiven Bedarf an Materialien zu decken, bspw. zur Erzeugung erneuerbarer Energie. Eine **Reduzierung der Materialnachfrage** wird entscheidend sein, um Sektoren weiter zu dekarbonisieren – etwa die Herstellung von Eisen, Stahl und Aluminium. Hierzu können die folgenden vier zirkulären Lösungen beitragen:

9. **Industrielle Zusammenarbeit zum Standard erheben**
   Durch stärkere industrielle Kooperation sind Prozessverbesserungen, Abfallumleitung und Reduzierung von Ertragsverlusten zu erzielen. Die Zusammenarbeit innerhalb und zwischen den Branchen ist zu steigern, um sowohl den Materialeinsatz als auch Emissionen zu verringern.
10. **Lebensdauer von Maschinen, Ausrüstungen und Waren verlängern**
    Durch die Verlängerung der Lebensdauer von Gütern aller Art können Ressourcen und Umwelt geschützt werden. Hierfür sind die Kosten für Reparatur, Wiederaufbereitung, Upgrade und Wiederverwendung durch zirkuläre Geschäftsmodelle zu verringern.
11. **Nur kaufen, was auch benötigt wird**
    Der Erwerb von Elektronikartikeln und anderem Equipment ist auf das notwendige Maß zu beschränken. Diese Verschiebung kann durch politische Regelungen (etwa eine Rohstoffsteuer), aber auch durch Dienstleistungen unterstützt werden, die auf zirkulären Geschäftsmodellen wie Teilen oder Pay-per-Use basieren.
12. **Schnelle Mode vermeiden zugunsten nachhaltiger Textilien**
    Natürliche und lokale Textilproduktion sowie qualitativ hochwertigere und langlebigere Kleidungsstücke sollten – soweit möglich – Vorrang haben. Gebrauchte Kleidung sollte möglichst wiederverwendet oder, falls erforderlich, angemessen recycelt werden.

Handlungsfeld 4: Zirkuläre Lösungen für Mobilität und Transport
Die Umstellung von Transport und Mobilität auf Nachhaltigkeit ist ein vielschichtiger Prozess und entscheidend, um den globalen Umweltdruck zu verringern. Der **Ressourcenverbrauch** sowie die **Emissionen aus Transport und Mobilität** sind durch Dekarbonisierung und eine stärkere Nutzung alternativer Verkehrsmittel zu senken. Die folgenden vier zirkulären Lösungen können hierzu beitragen:

13. **Autofreie Lebensweisen und Straßen fördern**
    In Städten kann die Nutzung von Autos durch Fahrräder und öffentlichen Nahverkehr ersetzt werden. Neue Mobilitätskonzepte bieten enorme Einspar-

potenziale. Schließlich bleiben Autos in einigen Ländern 95 % ihrer Lebensdauer ungenutzt. Ein Anstieg der virtuellen Arbeit verringert die für den Arbeitsweg zurückgelegten Kilometer. Diese Veränderung fördert eine bessere Nutzung der räumlichen Ressourcen und ehemaliger Büroflächen in städtischen Umgebungen.

14. **Investitionen in hochwertigen öffentlichen Verkehr**
Einen wichtigen Beitrag zur Ressourcenschonung kann die Nutzung des öffentlichen Verkehrs leisten. Bei der Anpassung der Infrastruktur ist besonderes Augenmerk auf sicherere Fahrradwege und Fußgängerzonen in Stadtzentren zu legen, um die Lebensqualität in Regionen und Städten insgesamt zu verbessern.
15. **Flugreisen überdenken**
Flugreisen – vor allem Langstreckenflüge – sind zu reduzieren.
16. **Verbleibende Fahrzeuge elektrifizieren**
Die öffentlichen Verkehrsmittel und möglichst viel der privat genutzten Autos sind zu elektrifizieren.

▶ **Nachhaltig handeln** Jedes Unternehmen ist zur Prüfung aufgerufen, in welchen Feldern eigene zirkuläre Lösungen eingesetzt oder angeboten werden können.

Hierbei gilt: Eine wirkliche Umsetzung der zirkulären Wirtschaft erfordert die **Zusammenarbeit von öffentlichen und privaten Sektoren**. Diese Kooperation ist entscheidend für den Übergang zu einer zirkulären Wirtschaft. **Politische Initiativen** können diese Geschäftsmodelle unterstützen. Es ist entscheidend, dass die Politik technologieoffen führt und das gesamte Wirtschaftssystem auf kurzfristige Gewinne verzichtet und sich auf Nachhaltigkeit ausrichtet.

Eine zirkuläre Wirtschaft bietet Lösungen, um den Gebrauch essenzieller Materialien für den Planeten und alle Lebewesen zu reduzieren, wiederherzustellen und umzuverteilen. Für die ambitionierten Ziele einer zirkulären Wirtschaft wird – basierend auf dem *Circularity Gap Report* – eine gemeinsame Vision benötigt, die auf drei Prinzipien aufbaut (vgl. CGRi 2023, S. 9):

- **Reduzieren**
Der Fokus muss von bloßer Effizienz zu ausreichender Resilienz und Anpassungsfähigkeit verschoben werden. Da die Wirtschaft in die Natur eingebettet ist und Letztere Grenzen hat, müssen wir auch Grenzen für den Materialverbrauch setzen. Das erfordert einen kulturellen Wandel, der nicht-materielle Bedürfnisse in den Vordergrund stellt, wobei Investitionen in Gesund-

heit, Bildung und werthaltige Arbeitsplätze anstelle materieller Ansammlung bevorzugt werden.

- **Regenerieren**
Der Übergang muss von Materialgewinnung zu Regeneration erfolgen. Ein Viertel aller Materialien, die die Weltwirtschaft jährlich verbraucht, stammt aus regenerativen Quellen. Wir müssen die regenerative Kapazität unseres Planeten respektieren und unterstützen, um auch zukünftigen Generationen zu dienen. Es existieren bereits viele regenerative Lösungen, die zeigen, dass die Menschheit von einer netto-negativen zu einer netto-positiven Wirkung auf das Lebenserhaltungssystem der Erde wechseln kann.

- **Umverteilen**
Der Fokus muss von Ansammlung zu Verteilung verschoben werden. Es gibt genügend Wohlstand und Materialien auf der Welt, um jedem Menschen ein gutes Leben zu ermöglichen. Die Herausforderung liegt darin, den Zugang zu diesen Materialien für eine stetig wachsende Bevölkerung sicherzustellen. Dies erfordert Umverteilung, veränderte Lebensstile, bessere Technologien und soziale Innovationen. Ein Systemwechsel weg von Eigentum hin zu Zugangsmodellen kann zu einem gerechteren Ressourcenverteilung führen und so für alle einen hohen Lebensstandard sicherstellen.

▶ **Nachhaltig handeln** Welchen eigenen Beitrag können Unternehmen – aber auch jeder Einzelne von uns – in diesen Feldern leisten?

Literatur

Bitkom (2023) Digitalisierung senkt den CO_2-Ausstoß der deutschen Wirtschaft. https://www.bitkom.org/Presse/Presseinformation/Digitalisierung-senkt-CO2-Ausstoss-deutscher-Wirtschaft. Zugegriffen am 16.08.2023

CGRi (2023) The Circularity Gap Report 2023. https://www.circularity-gap.world/. Zugegriffen am 17.08.2023

Cradle to Cradle Products Innovation Institute (2023) The Institute. https://c2ccertified.org/the-institute. Zugegriffen am 17.08.2023

EY (2023) 5 Erkenntnisse für das Warum, Was und Wie der Twin Transformation. https://www.ey.com/de_de/consulting/warum-technologie-und-nachhaltigkeit-zusammengehoeren. Zugegriffen am 28.07.2023

Freytag B (2023) Dann bauen die Unternehmen nicht. Frankfurter Allgemeine Zeitung, 24.07.2023, S 22

Illner K (2021) Purpose, Sinn und Werte. Haufe, Freiburg

Kreutzer RT (2021) Toolbox digital business. Springer Gabler, Wiesbaden

Kreutzer RT (2023a) Der Weg zur nachhaltigen Unternehmensführung. Springer Gabler, Wiesbaden

Kreutzer RT (2023b) Die Rollen des Chief Sustainability Officers. Springer Gabler, Wiesbaden

Kreutzer RT (2023c) Künstliche Intelligenz verstehen, 2. Aufl. Springer Gabler, Wiesbaden

Lieferkettengesetz (2023) Gesetz über die unternehmerischen Sorgfaltspflichten zur Vermeidung von Menschenrechtsverletzungen in Lieferketten. https://www.gesetze-im-internet.de/lksg/. Zugegriffen am 18.08.2023

Repair-Café (2023) Wegwerfen? Denkste! https://www.repaircafe.org/de/. Zugegriffen am 25.07.2023

Sofeast (2023) How to get the Cradle to Cradle certification for your new product? https://www.sofeast.com/knowledgebase/how-to-get-cradle-to-cradle-certification. Zugegriffen am 18.08.2023

Chief Sustainability Officer als Treiber der Kreislaufwirtschaft 4

Angesichts der vielfältigen und umfassenden Aufgaben, die auf dem Weg zu einer Kreislaufwirtschaft und einer nachhaltigen Unternehmensführung zu meistern sind, stellt sich die Frage:
> **Wer sollte für die Einführung einer Kreislaufwirtschaft im Unternehmen als wesentliches Element einer nachhaltigen Unternehmensführung die Verantwortung übernehmen?**

Die Lösung lautet: ein **Chief Sustainability Officer** (CSO). Wie ein Blick auf Abb. 4.1 zeigt, wird in Deutschland fast schon so häufig nach

Abb. 4.1 Suchvolumen „Chief Digital Officer" und „Chief Sustainability Officer". (Quelle: Google Trends, 2023)

© Der/die Autor(en), exklusiv lizenziert an Springer Fachmedien Wiesbaden GmbH, ein Teil von Springer Nature 2023
R. T. Kreutzer, *Kreislaufwirtschaft*, Edition Nachhaltig wirtschaften,
https://doi.org/10.1007/978-3-658-43105-1_4

einem CSO gesucht wie nach einem Chief Digital Officer, der für die digitale Transformation verantwortlich zeichnet.

Der **Chief Sustainability Officer** muss gleichsam ein **Tausendsassa** sein. Schließlich muss er im Unternehmen ganz unterschiedliche Rollen einnehmen, wie Abb. 4.2 zeigt. Ein CSO muss als **Storyteller** Begeisterung für das Thema erzeugen, um eine Ausrichtung des Unternehmens in Richtung Nachhaltigkeit voranzutreiben. Er muss auch als **Rechtsversteher** und **Rechtsumsetzer** agieren, um die vielfältigen, in Kap. 2 aufgezeigten rechtlichen Rahmenbedingungen in unternehmerisches Handeln zu überführen. Gleichzeitig ist er als wichtiger **Impulsgeber** gefordert, um u. a. den Einstieg in die Kreislaufwirtschaft zu meistern – auch gegen interne und externe Widerstände. Gleichzeitig ist er als **„Marketing-Dompteur"** gefordert, damit die Marketers das Unternehmen und seine Angebote nicht schon „grün anstreichen", bevor die „Grünwerdung" im Kern begonnen hat (Vermeidung eines **Greenwashings**).

Wie jedes Projekt und jeder Prozess muss auch der Einstieg in die Kreislaufwirtschaft umfassend überwacht und gesteuert werden. Deshalb ist der CSO auch als **Sustainability-Controller** gefordert – im Zusammenspiel mit dem Controlling-Bereich. Nur so kann festgestellt werden, ob das Unternehmen auf Kurs ist und bleibt. Der Einstieg in die Kreislaufwirtschaft kann nicht gelingen, ohne die Organisation weiterzuentwickeln. Deshalb fungiert ein CSO auch als **Organisationsentwickler** – gerne im intensiven Zusammenspiel mit der entsprechenden Abteilung im Unternehmen.

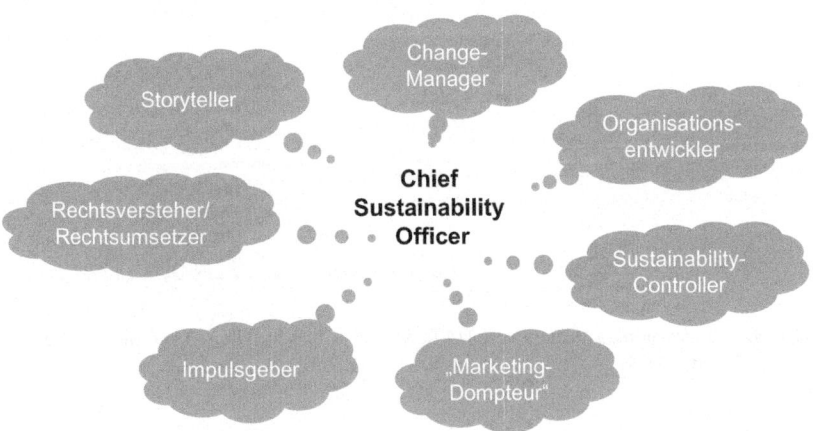

Abb. 4.2 Rollenvielfalt eines Chief Sustainability Officers

Schließlich ist der CSO als **Change-Manager** gefordert. Denn eines ist gewiss: Ein umfassender Einstieg in die Konzepte der Kreislaufwirtschaft setzt ein Umdenken und „Umhandeln" in (fast) allen Unternehmensbereichen voraus. Das wird in vielen Fällen auf Unverständnis und Widerstand stoßen, die idealerweise kommunikativ zu überwinden sind. Deshalb ist der CSO auch als Storyteller gefordert, womit sich der Kreis der Rollen schließt.

Wie ein **Chief Sustainability Officer** agieren kann und sollte, welche Werkzeuge er beherrschen muss und welches Qualifikationsprofil hierfür notwendig ist, wird im Buch „Die Rollen des Chief Sustainability Officers" dieser Reihe ausführlich diskutiert (vgl. Kreutzer 2023).

Literatur

Kreutzer RT (2023) Die Rollen des Chief Sustainability Officers. Springer Gabler, Wiesbaden

5 Best-Practice-Beispiele der Kreislaufwirtschaft

Nachfolgend wird exemplarisch aufgezeigt, wie die Kreislaufwirtschaft in verschiedenen Branchen umgesetzt werden kann.

5.1 Kreislaufwirtschaft im Einzelhandel – Beispiele *Amazon* und *IKEA*

Das Geschäftsmodell von *Amazon Marketplace* beruht auf der Idee eines digitalen Marktplatzes, auf dem Drittanbieter ihre Produkte an Kunden verkaufen können. Durch dieses Angebot fördert *Amazon Marketplace* das Konzept **Reuse**, da es durch den Weiterverkauf gebrauchter Produkte deren Lebensdauer verlängert und die Wieder- und Weiterverwendung ermöglicht. Ein signifikanter Teil der auf *Amazon Marketplace* angebotenen Produkte sind gebrauchte, aufbereitete oder recycelte Waren.

Allerdings sind von *Amazon* und von den Drittanbietern weitere Maßnahmen notwendig, um eine vollständige Kreislaufwirtschaft zu erreichen. Dazu gehören unter anderem eine stärkere Fokussierung auf nachhaltige Verpackungslösungen, verbesserte Rücknahme- und Recycling-Programme für Produkte sowie eine größere Transparenz in Bezug auf die gesamte Lieferkette (vgl. vertiefend Kreutzer 2023, S. 172 f.).

Außerdem ist zu vermuten, dass *Amazon* beim Aufbau dieser Plattform primär Gewinn- und weniger Nachhaltigkeitsziele im Blick hatte. Dennoch ist es ein überzeugendes Beispiel für die Arrondierung eines bestehenden Geschäftsmodells um Nachhaltigkeitskonzepte.

Ein weiteres Beispiel, wie Unternehmen Nachhaltigkeitsprinzipien in ihre Geschäftsmodelle integrieren können, ist *IKEAs „Zweite Chance"-Programm*. In diesem Programm nimmt *IKEA* gebrauchte, aber noch funktionstüchtige Möbelstücke von Kunden zurück, um diese im Rahmen eines **Wiederverkaufsprogramms** anzubieten. Hierdurch verfolgt *IKEA* mehrere Nachhaltigkeitsziele (vgl. IKEA 2023):

- **Verlängerung der Produktlebensdauer**
  Durch den Weiterverkauf und die damit verbundene Wiederverwendung von Möbeln wird deren Lebensdauer verlängert. Das reduziert den Bedarf an neuen Produkten und schont knappe Ressourcen.
- **Abfallreduktion**
  Die Rücknahme von gebrauchten Möbeln reduziert die Menge an Möbeln, die auf Deponien oder in Verbrennungsanlagen landen.
- **Förderung des Bewusstseins und von Verhaltensänderungen**
  Das Programm sensibilisiert Kunden für die Prinzipien der Kreislaufwirtschaft und ermutigt sie, verantwortungsbewusster zu konsumieren, indem sie ihre Möbel zurückgeben, anstatt sie zu entsorgen, wenn sie nicht mehr benötigt werden.
- **Soziale Verantwortung**
  Das Programm bietet Kunden, die sich keine neuen Möbel leisten können, die Möglichkeit, gebrauchte Artikel zu erschwinglichen Preisen zu erwerben.

Das *„Zweite Chance"-Programm* von *IKEA* ist eine interessante Initiative. Sie zeigt, wie Einzelhandelsunternehmen aktiv zur Förderung der Kreislaufwirtschaft beitragen können. Eine kritische Analyse der harten **Rücknahmebedingungen** (u. a. „Jedes zurückzunehmende Möbelstück muss komplett aufgebaut zurückgebracht werden"; IKEA 2023) lässt **Zweifel an der Ernsthaftigkeit** dieses Ansatzes aufkommen. Hier ist bspw. an Küchen oder Wohnzimmerschränke zu denken. Außerdem führt eine **Suche nach Zweite-Chance-Angeboten** häufig zu „0 Ergebnissen". Handelt es sich hier vielleicht doch eher um Greenwashing (vgl. Kreutzer 2023, S. 175 f.)?

▶ **Nachhaltig handeln** Was können Sie von *Amazon* und *IKEA* lernen – mit Ausnahme des Greenwashings?

5.2 Kreislaufwirtschaft in der Baubranche – Beispiel *Strabag*

Die Bauindustrie spielt bei den globalen Treibhausgasemissionen durch Produktion und den Verbrauch von Materialien eine zentrale Rolle. Historisch gesehen lag der Fokus im Bausektor auf der **Energieeffizienz von Neubauten**. Allerdings entsteht nahezu die Hälfte der von der Bauindustrie verursachten CO_2-Emissionen bereits in der Produktions- und Bauphase von Gebäuden.

5.2 Kreislaufwirtschaft in der Baubranche – Beispiel *Strabag*

Vor diesem Hintergrund hat *Strabag* im Jahr 2021 eine **Nachhaltigkeitsstrategie** eingeführt, die das Ziel verfolgt, bis 2040 entlang der gesamten Wertschöpfungskette klimaneutral zu sein. Bei der Planung und Durchführung von Bauprojekten liegt der Schwerpunkt auf umweltfreundlichen, nachhaltigen Bauverfahren und einer sorgfältigen Nutzung sowie einem Recycling von Ressourcen, um die ökologischen Auswirkungen zu verringern. Die Strategie von *Strabag* basiert auf einem **Drei-Säulen-Prinzip** – Ökonomie, Ökologie und Soziales – und ist fest in die Gesamtstrategie des Konzerns integriert. Hierbei ist sie jeweils auf die verschiedenen Geschäftsbereiche zugeschnitten. Zentrale **Handlungsfelder** sind CO_2-**Emissionen, Material- und Abfallmanagement**, die **gesamte Lieferkette** sowie der **Lebenszyklus von Bauprojekten**. Technologie wird als essenzielles Werkzeug gesehen, um Potenziale in allen drei Säulen auszuschöpfen.

Hierfür hat *Strabag* eine umfangreiche **Datensammlung** gestartet, um CO_2-Emissionen – hauptsächlich Scope 1 und Scope 2 – zu erfassen. **Scope 1** bezieht sich auf direkte Treibhausgasemissionen, die aus Quellen stammen, die einem Unternehmen gehören oder von diesem kontrolliert werden. Hierzu zählen bspw. Emissionen aus eigenen Fahrzeugen und Anlagen. **Scope 2** betrifft indirekte Treibhausgasemissionen, die durch den Verbrauch von gekaufter Elektrizität, Wärme oder Dampf entstehen. Für einen großen und diversifizierten Konzern ist das Erfassen und Zusammenfassen von Daten aus unterschiedlichen Regionen, Produktionsstätten und Baustellen eine immense Aufgabe. Solche Daten sind allerdings unverzichtbar, um Geschäftsprozesse insgesamt klimafreundlicher auszugestalten. Die **Strategie zur Verringerung der Emissionen** gliedert sich bei *Strabag* in fünf Etappen (vgl. Strabag 2023):

- **2025 – klimaneutrale Verwaltung**
  Strabag möchte klimaneutrale Verwaltungseinrichtungen an jedem Standort erreichen. Zu den wichtigsten Emissionsquellen zählen hier Betriebsstrom, Energie für Heizung und Kühlung sowie Treibstoff für Fahrzeuge.
- **2030 – klimaneutrale Bauprojekt**
  Der gesamte Bauprozess sowie auch die Gebäude und Infrastruktur sollen klimaneutral ausgestaltet werden. Dies schließt auch Dienstleistungen rund um den Bauprozess ein. Neben Energie für Baustellenfahrzeuge und -maschinen werden auch der Energieverbrauch von Baucontainern und der Transport von Lieferanten und Subunternehmern berücksichtigt.
- **2035 – klimaneutraler Gebäudebetrieb**
  Angesichts der globalen Verantwortung von Gebäudebetrieben für rund 28 % der CO_2-Emissionen ist ein klimaneutraler Gebäudebetrieb von besonderer Bedeutung. Dies bezieht sich auf Emissionen von Gebäuden während ihrer Nutzung. Das Ziel besteht darin, Kunden nur noch solche Gebäude anzubieten, die klimaneutral betrieben werden können.

- **2040 – klimaneutrale Baustoffe**
  Das Unternehmen möchte nur noch klimaneutrale Baustoffe einsetzen. Dies gilt auch für Material von Subunternehmen und Lieferanten.
- **2040 – klimaneutrale Infrastruktur**
  Analog zum Ziel für Gebäude im Jahr 2035 wird das gleiche Ziel für 2040 für die Infrastruktur verfolgt. Dann sollen Infrastrukturprojekte klimaneutral betrieben werden können.

Um diese Ziele zu erreichen, setzt *Strabag* auf vier **Prinzipien des kreislauffähigen Bauens** (vgl. Strabag 2023):

- **Steigerung von Produkt- und Materialeffizienz**
  Zur Erhöhung der Produkt- und Materialeffizienz wird auf **fortschrittliches Design, alternative Bauverfahren** und die **Verwendung nachhaltiger Baumaterialien** gesetzt. Ziel ist es, Materialien so sparsam und effizient wie möglich zu nutzen. Verfahren wie Stahl- und Leichtbau oder Holz-Hybridbauweisen können den Bedarf an Beton erheblich verringern. Die **modulare Konstruktion** mit einem hohen Grad an Vorfertigung führt zu reduziertem Abfall während der Produktion, kürzeren Bauzeiten und einfacherem Rückbau. Mittels fortschrittlicher Bauablaufplanung und speziellen Analysewerkzeugen wird kontinuierlich evaluiert, wie Bauprojekte effizienter gestaltet und Ressourcen auf intelligente und sparsame Weise verwendet werden können.
- **Verlängerung der Nutzungsdauer der Bauwerke**
  Statt Bauwerke abzureißen, ist es ressourcenschonender, sie so lange wie möglich zu erhalten, sie instand zu setzen, zu aktualisieren oder zu renovieren. Bei **Instandsetzungsarbeiten** wird in der Regel weniger „graue Energie" verbraucht als bei **Neubauten**. Unter „**grauer Energie**" versteht man die Energie, die für die Rohstoffgewinnung, Lagerung und den Transport neuer Materialien erforderlich ist. Durch thermische Instandsetzung und die Anpassung von Energiekonzepten können selbst ältere Gebäude energieeffizient betrieben werden.
- **Aufbau von Materialkreisläufen**
  Statt Materialien nach Gebrauch zu entsorgen, sollten sie so verarbeitet werden, dass sie dem Kreislauf in hoher Qualität erneut zugeführt werden können. Ein **hochwertiges Recycling** bezieht sich auf die Wiederverwendung von Materialien in einer Qualität, die der ursprünglichen möglichst nahekommt. Dies ist beim Asphaltrecycling gegeben. Beim **Downcycling** können Materialien nur in einer geringeren Qualität wiederverwendet werden. So werden etwa Betonreste als Straßenfüllmaterial verwendet. Um Downcycling zu vermeiden, können Asphaltreste oder Betonabbruch bereits in spezialisierten Anlagen zu hochwertigen Recy-

5.2 Kreislaufwirtschaft in der Baubranche – Beispiel *Strabag*

cling-Baumaterialien verarbeitet werden. Dies verringert systematisch den Verbrauch von Primärrohstoffen. Bei neuen Bauvorhaben sollte das Ziel sein, so weit wie möglich Sekundärrohstoffe zu verwenden und Materialien wie Asphalt oder Beton erneut zu nutzen.

Ein entscheidender Ansatz in Richtung nachhaltiger Rohstoffgewinnung ist das Konzept des **Urban Minings** (vgl. Urban Mining Hub 2023). Dabei werden dicht besiedelte Gebiete wie Metropolen als umfangreiche Rohstofflager angesehen, die für eine Kreislaufwirtschaft genutzt werden können. Anstatt langlebige Materialien wie Beton oder Asphalt nur abzutragen und zu entsorgen, werden sie vor Ort zu neuem Sekundärmaterial recycelt und wiederverwendet.

Hierzu plant *Strabag Umwelttechnik* auf einem 13 ha großen ehemaligen Ölhafengelände in Bremen die Errichtung eines fortschrittlichen Technologie- und Recyclingzentrums für städtischen Rohstoffabbau und Bauschuttaufbereitung. Dieses *C3 Circular Construction & Technology Center* wird mit einem nachhaltigen Ansatz entwickelt und bezieht seine Energie aus oberflächennaher Geothermie und Solarenergie. Die Dachflächen der Gebäude sind begrünt. Mooswände an den Außenrändern sollen dazu beitragen, Feinstaub zu reduzieren und gleichzeitig Lebensräume für Insekten zu schaffen (vgl. Strabag 2023).

- **Recyclinggerechtes Bauen und recyclinggerechter Einsatz von Materialien**
Bereits in der **Entwurfsphase** sollte der spätere **Rückbau eines Gebäudes** berücksichtigt werden, um Bauteile nach ihrer Nutzungsdauer wiederzuverwenden. Hierzu zählen nicht nur recycelbare Materialien, sondern etwa auch vorgefertigte Betonteile, Konstruktionselemente wie Treppen oder Aufzugsschächte, die als Ganzes hergestellt und nach genormten Maßen gefertigt werden. Gerade diese sind meist besonders langlebig und können entfernt und erneut genutzt werden.

Eine wichtige Voraussetzung für ein **zirkuläres Bauen** ist der **Ressourcenpass**. Ein solcher wurde bereits vom Umweltberatungsinstitut *EPEA* (*Environmental Protection Encouragement Agency*) entwickelt und erfolgreich implementiert. Dieser auch **Building Circularity Passport** genannte Pass bietet eine detaillierte Übersicht über alle verwendeten Bauprodukte, deren ökologischen Fußabdruck und Wert. Durch die Integration in digitale Systeme wie den digitalen Zwilling werden Daten übersichtlich visualisiert. Hierbei können nicht kreislauffähige Bauteile farblich hervorgehoben werden (vgl. EPEA 2023).

Ein solcher **Ressourcenpass** ist somit ein essenzielles Werkzeug, um das Design von Bauprojekten von Anfang an zirkulär zu gestalten und bindendes Kapital in Baustoffen zu erhalten. Jenseits finanzieller Vorteile ermöglicht dieses System eine nachhaltige Bauweise, um den aktuellen ökologischen Herausforderungen zu begegnen und die Zukunft zu schützen (vgl. BundesBauBlatt 2022).

▶ **Nachhaltig handeln** Welche Beiträge können Sie und Ihre Unternehmen zum nachhaltigen Bauen leisten?

5.3 Kreislaufwirtschaft in der Telekommunikationsbranche – Beispiel *Deutsche Telekom*

In welchen Schritten sich die Telekommunikationsbranche auf die Kreislaufwirtschaft zubewegt, soll hier am Beispiel der *Deutschen Telekom* veranschaulicht werden. Das Streben nach Kreislauffähigkeit wird vermehrt als ein **zentrales Element von Corporate-Responsibility-Strategien** des Unternehmens betrachtet. Das Ziel ist es, bis 2030 in der Kreislauffähigkeit branchenführend zu sein und diese in Technologien und Geräte zu integrieren. Die *Telekom* verfolgt diesen Ansatz in verschiedenen Bereichen: vom Produktdesign über die Einführung von Produkten, die die Kreislaufwirtschaft unterstützen, und umweltfreundliche Produktverpackungen bis hin zu einem integrierten Abfallmanagement und Kreislaufstrategien für technologische Infrastrukturen. Mit diesem Ansatz können Produkte und Dienstleistungen dazu beitragen, dass Kunden Ressourcen schonender nutzen (vgl. Deutsche Telekom 2023).

Für eine effektive **Kreislauffähigkeit** müssen Produkte von Grund auf nachhaltig konzipiert werden. Schon in der Entwicklungsphase stellt die *Telekom* folgende Fragen:

- Welche Materialien sind am besten geeignet?
- Kann das Produkt so gestaltet werden, dass es leicht repariert oder Teile davon ersetzt werden können?
- Ist es am Ende der Lebensdauer leicht demontierbar, sodass die Materialien wiederverwendet und Abfälle reduziert werden können?

Die *Deutsche Telekom* bietet ihren Produktentwicklern Richtlinien wie **Sustainability by Design**, um sicherzustellen, dass die Kreislauffähigkeit von Produkten bereits in der Entwurfsphase berücksichtigt wird. Ein konkretes Produkt, das unter solchen Kriterien entworfen wurde und von einer breiten Kundenbasis verwendet wird, ist der WLAN-Router *Speedport Smart4*.

Die *Deutsche Telekom* hat in den letzten Jahren weitere Anstrengungen unternommen, um ihr Angebotsportfolio ökologisch nachhaltiger zu gestalten. **Mietmodelle** sowie **Wiederaufbereitung und Recycling von Festnetzgeräten und Smartphones** sind fester Bestandteil der Nachhaltigkeitsstrategie. Durch solche Ansätze wird nicht nur die Lebensdauer von Produkten verlängert, sondern auch der ökologische Fußabdruck reduziert. Der von der *Telekom* eingeführte **Smartphone-Kreislauf**

5.3 Kreislaufwirtschaft in der Telekommunikationsbranche – Beispiel *Deutsche ...*

bietet Kunden die Möglichkeit, aktiv zur Kreislaufwirtschaft beizutragen. Geschäftskunden profitieren von ähnlichen Angeboten. Zudem stellt das Unternehmen durch das **Eco-Rating** Informationen über die Umweltverträglichkeit von über 300 Handy-Modellen verschiedener Hersteller bereit. Dies unterstützt Kunden bei nachhaltigen Kaufentscheidungen. Mit den Kennzeichnungen *#GoodMagenta* und *#GreenMagenta* hebt die *Telekom* Produkte mit besonderen Nachhaltigkeitsvorteilen hervor. Initiativen wie *Good Cause* fördern das Zurückgeben gebrauchter Endgeräte und tragen dazu bei, wertvolle Rohstoffe im Kreislauf zu halten.

Neben den Produkten hat die *Telekom* den Fokus auch auf **nachhaltige Verpackungen** gelegt. Ihr erklärtes Ziel ist es, Verpackungsmaterialien zu reduzieren und nachhaltige Alternativen zu nutzen. Seit Mitte 2022 sind alle neu eingeführten, *Telekom*-gebrandeten Produkte in Deutschland und Europa nachhaltig verpackt. Das ist in der unternehmenseigenen Verpackungsrichtlinie festgelegt. Hierbei stehen recycelbare und biologisch abbaubare Materialien im Vordergrund. Die Verwendung von Altpapier, ungiftigen Etiketten und umweltfreundlichen Druckfarben (wie Sojatinte) ist Teil dieser Initiative. Ein wesentlicher Fortschritt ist auch der vollständige **Verzicht auf Einwegplastik** in Verpackungen. Zusätzlich arbeitet die *Telekom* eng mit ihren Zulieferern zusammen, um den Anteil an nachhaltig verpackten Produkten im gesamten Portfolio zu erhöhen. Es wird zudem kontinuierlich daran gearbeitet, die Logistik nachhaltiger zu gestalten und auch Versandverpackungen zu optimieren.

Das Engagement der *Deutschen Telekom* in Bezug auf **Ressourceneffizienz** zeigt sich in ihrem Abfallmanagement. Mit einem konzernweiten System, das am „Internationalen Rahmen für das Abfallmanagement" ausgerichtet ist, legt die *Telekom* Wert auf eine **sorgfältige Ressourcenverwaltung** und **Abfallentsorgung**. Das primäre Ziel ist, den Großteil der Abfälle zu recyceln. Die Fortschritte in diesem Bereich werden kontinuierlich anhand klar definierter Kennzahlen überwacht.

Jenseits der direkten Abfallreduktion betont die *Telekom* auch den Vorteil der **Dematerialisierung** und der **Sharing Economy**. Während die Kreislauffähigkeit ihrer Technologien und Geräte im Vordergrund steht, können auch die Produkte der *Telekom* dazu beitragen, den Ressourcenverbrauch insgesamt zu minimieren. **Digitale Zwillinge** haben das Potenzial, den Bedarf an physischen, ressourcenintensiven Prototypen zu ersetzen. Ein digitaler Zwilling ist eine virtuelle Repräsentation eines physischen Objekts oder Systems, die dessen Zustand, Verhalten und Eigenschaften in Echtzeit oder simuliert widerspiegelt. Der digitale Zwilling nutzt Daten aus verbundenen Sensoren und anderen Informationsquellen, um eine präzise Kopie des realen Gegenstücks in der digitalen Welt zu erstellen. Im Kontext der Nachhaltigkeit kann ein digitaler Zwilling dazu beitragen, Ressourcen effizienter zu nutzen, den Energieverbrauch zu optimieren und Abfall zu reduzieren.

Ein weiteres Beispiel ist die **On-demand-Produktion**. Hierbei werden Produkte erst hergestellt, sobald Kunden sie über Online-Plattformen bestellen. Dies trägt dazu bei, Überproduktion und damit verbundene Abfälle zu verhindern. Zusätzlich bieten **Online-Tausch- und Online-Leihbörsen** Menschen die Möglichkeit, Ressourcen zu schonen und gleichzeitig Geld zu sparen. Mit diesen digitalen Lösungen zeigt die *Deutsche Telekom*, wie die Digitalisierung im Sinne der Umwelt und Wirtschaftlichkeit genutzt werden kann (vgl. Deutsche Telekom 2023).

▶ **Nachhaltig handeln** Welche Lösungsideen hat das Beispiel *Deutsche Telekom* bei Ihnen angetriggert?

5.4 Kreislaufwirtschaft im Produktionssektor – Beispiel *Siemens*

Siemens versteht Nachhaltigkeit nicht als bloßes Anhängsel des Geschäfts, sondern versucht, Nachhaltigkeit fest in der **Unternehmens-DNA** zu verankern. Hierfür hat *Siemens* das ***DEGREE*-Rahmenwerk** entwickelt, um das Engagement im Bereich ESG (Umwelt, Soziales und Governance) weiter zu intensivieren. *DEGREE* steht hierbei für (vgl. Siemens 2023):

- **D**ecarbonization: Unterstützung des 1,5-Grad-Celsius-Ziels zur Bekämpfung der globalen Erwärmung
- **E**thics: Aufbau einer Kultur des Vertrauens, Einhaltung ethischer Standards und sorgfältiger Umgang mit Daten
- **G**overnance: Einsatz modernster Systeme für ein effektives und verantwortungsvolles Geschäftsgebaren
- **R**esource Efficiency: Setzen auf Kreislaufwirtschaft und Dematerialisierung
- **E**quity: Förderung von Vielfalt, Inklusion und Gemeinschaft, um ein Gefühl der Zugehörigkeit zu schaffen
- **E**mployability: Befähigung der Mitarbeiter, um in einer sich ständig verändernden Umwelt resilient und relevant zu bleiben

Dieser umfassende **Ansatz zur Nachhaltigkeit** bezieht alle wichtigen Aspekte des Unternehmens ein und richtet sich an alle Stakeholder. Dies schließt Kunden, Lieferanten, Investoren, Mitarbeiter, die allgemeine Öffentlichkeit und natürlich die Umwelt ein. Das Hauptziel dieses Engagements ist es, durch die Adressierung aller drei ESG-Bereiche auf eine positivere Zukunft hinzuwirken (vgl. Siemens 2023).

Diese Ziele werden sowohl intern im Unternehmen als auch in Zusammenarbeit mit Kunden und Lieferanten verfolgt. *Siemens* setzt hierbei selbst und in seinen Angeboten auf Digitalisierung, Automatisierung und Nachhaltigkeit. Besonders in den Bereichen Dekarbonisierung, Ressourceneffizienz und Kreislaufwirtschaft trägt das **Angebotsportfolio** signifikant zur Nachhaltigkeit bei.

Das „R" im *DEGREE*-Nachhaltigkeitsrahmenwerk von *Siemens* steht für **Ressourceneffizienz**. *Siemens* zielt darauf ab, die Kreislaufwirtschaft voranzutreiben. Hierfür soll durch verschiedene **Reduzierungsinitiativen** der Deponieabfall im Vergleich zum Geschäftsjahr 2021 bis 2025 um 50 % und bis 2030 noch weiter reduziert werden. Hierdurch sollen die negativen Auswirkungen von Deponien auf die Umwelt vermieden werden. Zusätzlich soll die **Energieeffizienz** bis zum Jahr 2030 um 10 % erhöht werden.

Es wird angestrebt, den Anteil von **Sekundarmaterialien in der Beschaffung** zu erhöhen. Im Geschäftsjahr 2022 stammten 34 % der für die Produktionsmetalle verwendeten Materialien aus recycelten Quellen. Hierbei lag der Schwerpunkt auf Eisen, Kupfer und Aluminium. *Siemens* arbeitet daran, **Recyclingketten für technische Kunststoffe** zu entwickeln und verstärkt recycelte Materialien für die Herstellung ihrer Produkte zu nutzen. Das übergeordnete Ziel besteht darin, in der Fertigung eine weitgehende **Entkopplung von natürlichen Ressourcen** zu erreichen. Hierzu soll auch der Ausstieg aus der Verwendung von Einwegplastik an den eigenen Standorten beitragen.

Das Unternehmen setzt sich außerdem für ein robustes **Ökodesign** ein und will bis 2030 100 % seiner relevanten Produktfamilien nach diesem Standard gestalten. Hierfür werden verschiedene Technologien eingesetzt, die nicht nur dem eigenen Unternehmen, sondern auch den Kunden zur Verfügung stehen. Dabei bezieht sich *Siemens* explizit auf das **Sustainable Development Goal 12** der *Vereinten Nationen*: nachhaltige/r Konsum und Produktion (vgl. Abb. 2.1).

▶ **Nachhaltig handeln**   Was können Sie vom Beispiel *Siemens* lernen?

Literatur

BundesBauBlatt (2022) Gebäuderessourcenpass macht aus Häusern Materialspeicher. https://www.bundesbaublatt.de/artikel/gebaeuderessourcenpass-macht-aus-haeusern-materialspeicher-3852491.html. Zugegriffen am 17.08.2023

Deutsche Telekom (2023) Kreislaufwirtschaft. https://www.telekom.com/de/verantwortung/umwelt/details/kreislaufwirtschaft-337214. Zugegriffen am 16.08.2023

EPEA (2023) Gemeinsam die Welt von morgen gestalten. https://epea.com/. Zugegriffen am 18.08.2023

IKEA (2023) IKEA Zweite Chance. https://www.ikea.com/de/de/zweitechance/. Zugegriffen am 03.07.2023

Kreutzer RT (2023) Der Weg zur nachhaltigen Unternehmensführung. Springer Gabler, Wiesbaden

Siemens (2023) Nachhaltigkeitsbericht. https://www.siemens.com/de/de/unternehmen/nachhaltigkeit/umwelt.html. Zugegriffen am 16.08.2023

Strabag (2023) Kreislaufgerechtes Bauen. https://work-on-progress.strabag.com/de/materialkreislaufwirtschaft/kreislaufgerechtes-bauen. Zugegriffen am 17.08.2023

Urban Mining Hub (2023) Baustoffe im Kreislauf. https://urbanmininghub.berlin/. Zugegriffen am 16.08.2023

Appell für ein Umdenken und Handlungsaufforderung

6

Wir stehen am Scheideweg. Unsere bisherigen Konsum- und Produktionsgewohnheiten haben nicht nur zu einer bedrohlichen **Klimakrise geführt**, sondern auch unsere **natürlichen Ressourcen belastet** und den **Planeten an seine Grenzen gebracht**. Wenn wir weitermachen wie bisher, riskieren wir, das fragile **Gleichgewicht unseres Ökosystems** irreversibel zu zerstören. Doch es gibt einen Hoffnungsschimmer am Horizont – die Kreislaufwirtschaft.

Unternehmen, es ist höchste Zeit, umzudenken und (weitere) Verantwortung für die Zukunft zu übernehmen. Die Kreislaufwirtschaft bietet nicht nur eine nachhaltige, sondern langfristig auch eine wirtschaftlich rentable Alternative zu unserem aktuellen Wirtschaftsmodell. Es ist eine Chance, Innovationen voranzutreiben, neue Geschäftsfelder zu erschließen und gleichzeitig unseren Planeten für künftige Generationen zu bewahren. Durch das Design von Produkten, die langlebig, reparierbar und wiederverwendbar sind, durch die Vermeidung von Abfall und den Einsatz nachhaltiger Ressourcen können die Unternehmen einen Unterschied machen. Und dieser Unterschied wird nicht nur von der Umwelt, sondern – zumindest perspektivisch – auch von den Verbrauchern, Investoren und Stakeholdern geschätzt werden.

Wir, die **Verbraucher**, haben ebenso eine machtvolle Stimme in diesem Wandlungsprozess. Mit jedem Kauf, den wir tätigen, senden wir eine Botschaft darüber, welche Art von Zukunft wir unterstützen. Wählen wir deshalb Produkte und Dienstleistungen, die im Einklang mit den Prinzipien der Kreislaufwirtschaft stehen. Fordern wir Transparenz und Nachhaltigkeit. Lasst uns alle erkennen, dass unsere Entscheidungen von heute die Welt von morgen prägen.

▶ **Nachhaltig merken** Die **Kreislaufwirtschaft** ist nicht nur ein Geschäftsmodell oder ein Trend. Sie ist ein dringend benötigter **Paradigmenwechsel**. Damit unser Planet noch länger überleben kann. Schließlich haben wir weder einen **Plan B** noch einen **Planeten B**!

▶ **Nachhaltig handeln** Lasst uns gemeinsam eine Bewegung entfachen, die die Grundlagen unseres Wirtschaftssystems revolutioniert, indem wir Ressourcen schätzen, Abfall vermeiden und in Harmonie mit unserer Umwelt leben. Jetzt ist die Zeit für Veränderung. Es liegt an uns allen, eine bessere Zukunft zu gestalten. Und die Uhr tickt!

Nachhaltige Erkenntnisse

- Die **Triple Bottom Line** vervollständigt das unternehmerische Zielsystem.
- Die **Linearwirtschaft** ist Schritt für Schritt durch eine **Kreislaufwirtschaft** abzulösen.
- Die **Sustainable Development Goals** der Vereinten Nationen beschreiben den relevanten Handlungsraum.
- **Einschlägige Gesetze** forcieren die Umsetzung von Prinzipien der Kreislaufwirtschaft.
- Die **10-R-Regeln** definieren die zentralen Handlungsfelder für die Unternehmen.
- Die digitale und die nachhaltige Transformation sind in einer **Twin Transformation** gemeinsam zu denken.
- Der **Chief Sustainability Officer** ist der Motor der nachhaltigen Transformation.
- Viele Unternehmen haben schon **überzeugende Lösungen der Kreislaufwirtschaft** entwickelt.

Stichwortverzeichnis

A
Abfallbehandlung 16
Abfallbilanz 17
Abfallhierarchie 17
Abfallminimierung 15
Abfallreduzierung 23
Abfallvermeidung 15
Abfallvermeidungsprogramm 18
Abfallverwertung 16
Abfallwirtschaftskonzept 17
Abfallwirtschaftsplan 18
Ablauf- und Aufbauorganisation 48
Amazon Marketplace 30, 63
Angebots- und Servicekonzept, innovatives 43
Apple Trade-in-Programm 30
Arbeitsmarkt 3
Attitude-Behavior-Gap 51
Auftraggeber von Auftragsfertigungen 21

B
Balanced Scorecard 49
Bauen, zirkuläres 67
Benchmark 49
Beseitigung 16
Betriebsbeauftragter für Abfall 17
Bilanz, dreifache für nachhaltige Wirtschaft 4
Bitkom-Studie 49
Building Circularity Passport 67

C
C3 Circular Construction & Technology Center 67
Change-Manager 61
Chief Digital Officer (CDO) 48
Chief Sustainability Officer (CSO) 48, 59, 61
Circular Economy *siehe* Kreislaufwirtschaft
Circularity Gap Report(ing) 56
  2023 52
  Initiative 52
Controlling 48
Cradle to Cradle 6
Cradle to Cradle Certified® 41
Cradle to Cradle Certified®-Konzept 39
Cradle to Cradle Certified® Produktstandard 38

Cradle to Cradle Certified® Version 4.0
  Product Standard 39
Cradle to Cradle Products Innovation
  Institute 38, 40
Cradle to Grave 5
Cradle-to-Cradle-Zertifizierung 40
  Kosten 40
  Stufen 40
CSO *siehe* Chief Sustainability
  Officer (CSO)
Cyber-Security-Lösung 46

D
Datengrundlage 46
3D-Druck-Lösung 47
DEGREE-Rahmenwerk 70
Dematerialisierung 69
Design, nachhaltiges 46
Deutsche Telekom 68
Differenzierung im Wettbewerb 24
Digitale Zwillinge 69
Digitalisierung
  als Enabler 42
  Rolle im Klimaschutz 50
  Ziele 41
Digitalisierungs- und Nachhaltigkeitsziel 41
Downcycling 34, 35, 66

E
Earth Overshoot Day *siehe*
  Erdüberlastungstag
eBay 30
Eco-Rating 69
Energieeffizienz 27, 47
Energiemanagement 47
Entsorgung 16
Environmental Protection Encouragement
  Agency (EPEA) 67
EPEA *siehe* Environmental Protection
  Encouragement Agency (EPEA)
Erdüberlastungstag 1, 2
European Green Deal 12–14

F
Fit für 55 12
Förderung
  von grünen Technologien und
  Innovationen 24
  von Innovationen 25

G
Gesamtanlageneffektivität 27, 47
Geschäftsmodell 46
Geschäftsmodellinnovation 46
Global Footprint Network 2
Good Cause 69
#GoodMagenta 69
#GreenMagenta 69
Greenwashing 60, 64

H
Hersteller 20
Human-Resources-Strategie 48

I
IKEA Zweite Chance 30, 63
Importeur 20
Impulsgeber 60
Innovation Engines 48
Innovationstreiber 3
Intergovernmental Panel on Climate
  Change (IPCC) 1
Internet der Dinge 47
IT-Infrastruktur 46

K
Kategorie der Nachhaltigkeitsleistung 38
Key Results 44
Klimaneutralität 12
Kostenreduktion 24
Kreislaufführung von Stoffen 15
Kreislaufwirtschaft 6, 23, 25, 37, 39
  Best-Practice-Beispiele 63

in der Baubranche 64
in der Telekommunikationsbranche 68
Designphase 36
Ge-/Verbrauchsphase 37
Grundpflichten 14
Hürden 50
im Einzelhandel 63
im Produktionssektor 70
Kreislaufwirtschaftsgesetz 14, 15, 18
Produktionsphase 36
Prozess 36
Sammlungs- und Verarbeitungsphase 38
Vertriebsphase 36
zentrale Handlungsfelder 36
Ziele 23, 24
Künstliche Intelligenz (KI) 46

L
Linear Economy *siehe* Linearwirtschaft
Linearwirtschaft 5, 6
Lösung, zirkuläre 52
   für den Baubereich 54
   für den Bereich Nahrungsmittel 53
   für Industriegüter und
      Verbrauchsgüter 54
   für Mobilität und Transport 55

M
Marketing-Dompteur 60
Materialkreislauf, geschlossener 6
Mehrweg-Getränkeverpackung 19
Mietmodell 68
Motor einer nachhaltigeren Wirtschaft 3

N
Nachhaltigkeit
   ökologische 4
   ökonomische 4
   soziale 4
Nachverfolgbarkeit weiterer Produktions-
   und Logistikprozesse 47

O
Objectives 44
Ökobilanz 49
OKR-Konzept 44, 49
On-demand-Produktion 70
Online-Tausch- und Online-Leihbörse 70
Organisationsentwickler 60
Organisationskonzept 48
Overall Equipment Effectiveness *siehe*
   Gesamtanlageneffektivität

P
Paradigmenwechsel 74
Plan B 74
Planet B 74
Plattform für den Weiterverkauf von
   gebrauchten Produkten 30
   Amazon Marketplace 30
   Apple Trade-in-Programm 30
   eBay 30
   IKEA Zweite Chance 30, 63
   Rebuy 30
   Zalando Pre-owned 30
Predictive Maintenance 43, 47
Prinzip des kreislauffähigen Bauens 66
Produktverantwortung 17
Purpose 44

R
Rebuy 30
Rechtsumsetzer 60
Rechtsversteher 60
Recycling 16, 33, 35
   chemisches 35
   hochwertiges 66
   mechanisches 35
Redesign 28, 29
Reduce 26, 27, 56
Refabrication 32
Refurbishing 31, 32
Refuse 26
Regenerieren 57

Registrierungspflicht im
    Verpackungsregister LUCID 20
Rekrutierung von Personal 48
Remanufacturing 32
Repair 30, 31
Repair-Cafés 31
Reparaturservice 31
Reparaturwerkstatt 30
Repurpose 32, 33
Resilienz, wirtschaftliche 3
Ressourceneffizienz 23, 69
Ressourcenpass 67
Rethink 27, 28
Reuse 29, 30
Risikomanagement 24
Rollenvielfalt eines Chief Sustainability
    Officers 60
10-R-Regeln der nachhaltigen
    Unternehmensführung 25
Rückbau eines Gebäudes 67
Rückverfolgbarkeit in der Lieferkette 47

S
Sammlung 15
Schaffung von (nachhaltigeren)
    Arbeitsplätzen 24
Scope
    1 65
    2 65
SDGs *siehe* Sustainable Development
    Goals (SDGs)
Second-Hand-Laden 30
Selbstreparatur 31
Sharing Economy 69
Smartphone-Kreislauf 68
Storyteller 60
Strabag 64
Strabag Umwelttechnik 67
Strategie 44
Subskriptionsmodell 43
Sustainability by Design 68
Sustainability-Controller 60
Sustainable Development Goals (SDGs) 9–11
Synergiepotenzial in Beschaffung, Produktion, Logistik und Marketing 47

T
Take, Make, Use, Dispose 5
Technologie 46
Transformation
    digitale 42
    nachhaltige 42
Triple Bottom Line 4, 5
Twin Transformation 41, 43
    Ergebnisse 49
    Reifegradanalyse 43–45
    Reifegrade 43

U
Überregulierung 14
Umverteilen 57
Umweltschutz 24
Unternehmens-DNA 70
Unternehmensführung
    nachhaltige 4, 25
Unternehmenskultur 48
Upcycling 33, 34
Urban Mining 67

V
Verbesserung von gebrauchten
    oder beschädigten
    Produkten 31
Vereinte Nationen 9, 10
Vergleichsmaßstab *siehe* Benchmark
Verpackung, nachhaltige 69
Verpackungsgesetz
    Handlungsnotwendigkeiten 21
Verpackungsgesetz (VerpackG)
    18, 19
    Ziele 18
Vertreiber 19
    Erstvertreiber 19
    Händler 19
    Letztvertreiber 20
    Typen 19
Verzahnung beider Transformationsprozesse 42
Virgin-Kunststoff 35
Vision 44

W
Wegwerfwirtschaft 5
Wertschöpfung, nachhaltige 24
Wiederherstellung 31
Wiederverwendung 15

Z
Zalando Pre-owned 30
Ziel 44
Zukunftsfähigkeit des
    Geschäftsmodells 46

SPRINGER NATURE

GPSR Compliance

The European Union's (EU) General Product Safety Regulation (GPSR) is a set of rules that requires consumer products to be safe and our obligations to ensure this.

If you have any concerns about our products, you can contact us on ProductSafety@springernature.com

In case Publisher is established outside the EU, the EU authorized representative is:

Springer Nature Customer Service Center GmbH
Europaplatz 3
69115 Heidelberg, Germany

The manufacturer's authorised representative in the EU is Springer Nature Customer Service Centre GmbH, Europaplatz 3, 69115 Heidelberg, Germany. If you have any concerns regarding our products, please contact ProductSafety@springernature.com

Printed and bound by CPI Group (UK) Ltd, Croydon, CR0 4YY

25/03/2026

02078173-0009